儿童科学历史

百科全书

刘宝江　编著

北京工艺美术出版社

图书在版编目（CIP）数据

儿童科学历史百科全书/刘宝江编著. —— 北京：
北京工艺美术出版社，2023.2
（儿童百科全书）
ISBN 978-7-5140-2112-7

Ⅰ.①儿… Ⅱ.①刘… Ⅲ.①技术史－世界－儿童读
物 Ⅳ.①N091-49

中国版本图书馆CIP数据核字(2022)第 017966号

出 版 人：陈高潮
责任编辑：赵震环
装帧设计：李 松
责任印制：王 卓

法律顾问：北京恒理律师事务所 丁 玲 张馨瑜

儿童百科全书
儿童科学历史百科全书
ERTONG KEXUE LISHI BAIKE QUANSHU

刘宝江 编著

出 版	北京工艺美术出版社
发 行	北京美联京工图书有限公司
地 址	北京市西城区北三环中路6号 京版大厦B座702室
邮 编	100120
电 话	(010) 58572763（总编室）
	(010) 58572878（编辑室）
	(010) 64280045（发 行）
传 真	(010) 64280045/58572763
网 址	www.gmcbs.cn
经 销	全国新华书店
印 刷	天津海德伟业印务有限公司
开 本	889毫米×1194毫米 1/16
印 张	16
字 数	80千字
版 次	2023年2月第1版
印 次	2023年2月第1次印刷
印 数	1～10000
书 号	ISBN 978-7-5140-2112-7
定 价	198.00元

目 录

崛起时代

原子时代

太空时代

信息时代

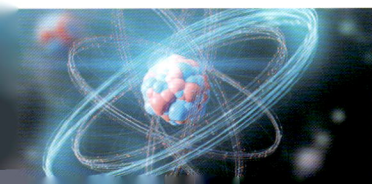

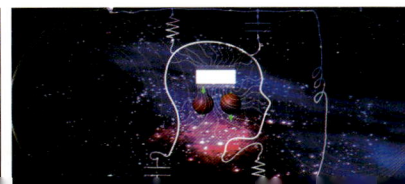

前言

大约在几十万年前的某天，智人、直立人和尼安德特人等原始人出现在世界各个角落，为了繁衍生息，他们开始利用火、制造工具、缝制衣服、搭建屋舍，最早的科技就在人们的劳作与生活中逐渐诞生。

大约5500年前，犁出现了，犁是人类科技史上最伟大的发明之一。5000多年前，轮子出现了，这在很大程度上推动了运输和贸易的发展。800多年前，罗盘出现了，罗盘在人们只能靠星象指引方向的时代，开辟了另外一条路。400多年前，日心说出现，人类探索宇宙的脚步逐渐加快，科学开始发展。250年前，蒸汽机出现，工业革命开始。140年前，电话和电灯出现。77年前，原子弹爆炸成功，核时代正式到来。

《儿童科学历史百科全书》正是以时间为线索，以科学事件为方向，介绍科技发展中有趣的、有意义的知识点，带领小朋友们搭乘时间飞船，在科学的海洋里尽情遨游。

孩子们，科学的历程就是这样经历很多年，一步一个脚印走过来的。随着信息时代的发展，一切都会以2倍速、3倍速，甚至更快的速度前进，科学和技术的前行也不例外。作为地球上的小主人，在享受科技飞速发展带来的便利的同时，更应该从小具有保护环境的意识。未来，既成为科学发展的推动者，又争当守护地球的小勇士。

史前时代

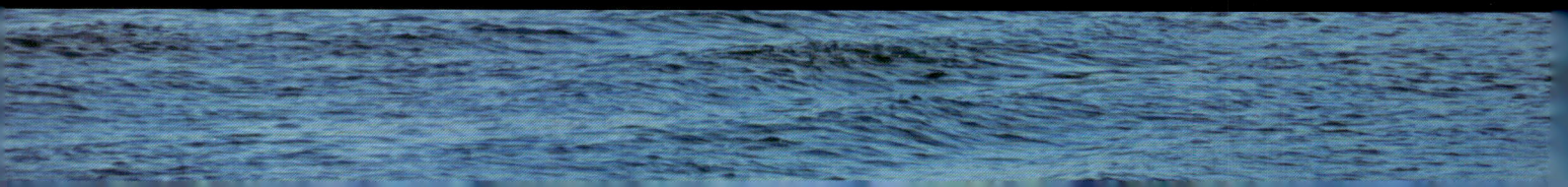

所谓史前时代，是指还未出现文字记录的时期，大约在200万年前。这一时期开始使用简单工具和火，对早期的天文、数学和医药有了启蒙认识，人类开始想要探索并部分掌控身边的世界。

用火取火

火是地球上最重要的力量之一。它的使用，像是一条被加粗的分割线，将人类与动物区分开来。其实，自然界中火的现象早就有了，火山会喷出火，雷电会摩擦出火花，但存在和使用是两个完全不同的概念，会使用火是人类智慧的象征，是生产力发展的进程。

首次使用火

历史界普遍认为，是直立人首先学会用火的。180万—30万年前，位于非洲某处的原始人的一个分支——直立人，他们通过很偶然的方式获得并开始使用天然火，后又将火的使用从非洲传至亚洲和欧洲。

钻木取火

在原始社会，人类偶然发现，用一根尖木棍在一块木板上不停地旋转摩擦会产生火花，并能点燃动物的皮毛，这就是钻木取火。在科技史上，钻木取火也叫作火钻法，是远古人类应用最广的取火方法。除此之外，还有火锯法和火犁法。

火绒箱

火绒箱是一种用来生火的工具，它由燧石、可供敲打的硬物以及可被点燃的易燃物组成，可被敲打的硬物多指黄铁矿，而易燃物多指干苔藓或羽毛。人类使用火绒箱已有超过2000年的历史。

火柴

公元577年，我国正处于南北朝的战乱时期，有人在小木棒上蘸上硫黄，借助火石获得火种，这被视为最早的火柴。几经周折，到18世纪早期，人们将硫化锑和氯化钾膏体涂抹在木棍上，并用砂纸摩擦起火，这是最早具有实用价值的火柴。

打火机

早在16世纪时，现代打火机的鼻祖——火绒盒与打火铁盒便出现了。第一次世界大战期间，英国人阿尔费德丹希尔开始研制一种能防风防雨的打火工具，终于在1917年发明了第一只打火机，这种打火机除了用作点火工具，还是一种身份和地位的象征。

蜡烛

原始时代，人类将树皮捆扎在一起，涂抹上动物脂肪，制成最原始的照明及储火工具——火把，这被视为最初期的蜡烛。大约在公元前3世纪，蜜蜡出现了，这是现代蜡烛的雏形。1825年，世界上第一支现代石蜡硬脂蜡炬出现，这标志着人类照明史新时代的来临。

制造工具

工具的制造与使用标志着人类创造自身的开始，这也是原始科学技术的萌芽。研究发现，南方古猿已开始使用天然木头和石块，这给他们的狩猎和生活提供了更多便利。直到直立人阶段，开始出现人工磨制的石器，这意味着旧石器时代开始，人类走上了制造工具之路。

▶ 最早的工具

人类最早使用的工具是用石头制作的，这种石制工具盛行于史前时代初期，这段时期也被人们称为旧石器时代，在300万—30万年前。这些经常使用的石器中有砍砸器、刮削器和手斧等。

▶ 长矛

早期的长矛是一种由木棒和石、骨、角等材质构成的复合工具。我国的河姆渡遗址、半坡遗址等出土过很多类似的长矛。在大连曾出土一柄长矛，石矛头长达48厘米，连木柄全长为120厘米。这种工具起初用于狩猎，战争开始后，则作为武器使用。

▶ 乌号

乌号是最原始的弓箭，是由乌鸦的某些行为而引发构思制作而成的。原始人通过观察，发现很多乌鸦齐聚在一棵柘树的一根树杈上，树杈被压弯，当乌鸦飞走时，弹起来的树杈会打到某些乌鸦，甚至将它打伤、打死，人类灵光一现，通过弯曲的树杈制成了早期的弓箭。

我国最早的青铜器

青铜是人类历史上的一项伟大发明，有了金属工具，生产力的发展更快了。目前，我国发现的最早的青铜器是马家窑文化遗址中出土的一把青铜刀，这是一件铜与锡制成的器具，成器年代约在公元前3280年至公元前2740年。

铁犁

铁犁最早出现于我国的春秋战国时期，它可以在外力的带动下起到翻土、碎土的作用，是传统农具中最有代表性的生产工具。我国使用铁犁早于其他国家很多年，这也致使世界上同时期，中国生产力水平处于领先地位。

鼠标

鼠标是一种操作工具，用来操作电脑，相比较键盘而言，鼠标更简单便捷一些。它是由道格拉斯·恩格尔巴特于1964年发明的。如果说石斧是原始人类的生产工具，那么电脑、鼠标则是现代人类生产生活必不可少的工具之一。

穿上衣服

在人类诞生之初是不着片缕的，产生了羞耻感后，人类用叶子简单拼凑遮体避羞。四季轮转，到了严冬时节，人们感觉叶子衣服不保暖，而野兽的皮反而能御寒，于是就有了兽皮衣服。衣服的出现，是人类和动物彻底区分的标志。

骨针

骨针是人类最早的缝纫工具，发展到山顶洞人时期，用它来缝制衣服、帽子和靴子。后来人们又把贝壳、石块等打磨出孔，用骨针串成项链等饰品佩戴。所以骨针的使用，不仅使人类的衣服更美观，也促成了早期装饰品的诞生。

自然染色剂

早在4500多年前，人们发现有些植物的根茎可以染色，如红花能将衣服染成红色，苏木能染出黑色，紫苏能染出紫色等。此外，一些矿物也可以当作染料，如赤铁矿可以把衣物染成红色。就这样，早期的染色剂出现了，五颜六色的远古服饰也呼之欲出。

纺织机

纺织机是古代人们依靠人力带动的织布工具。最早的纺织工具是纺坠，它帮助当时的人们提高了纺纱效率，然后人们又根据纺坠的工作原理制作出了单锭手摇纺车，我国元代出现的脚踏五锭纺车是当时世界上最先进的纺织机械。

养蚕缫丝

相传黄帝时期，人们开始在嫘祖的带领下养蚕，并将蚕丝纺织成丝绸，这种布料与棉麻相比，更透气和柔软，所以西方人视丝绸为珍品，也将世界上第一次东西方大规模的商贸交流称为"丝绸之路"。丝绸的诞生，给人们提供了更加良好的穿着体验。

牛仔裤

最早的牛仔裤并非时尚单品，而是一种工装裤。当时人们的工作很容易把裤子磨破，急需一种耐磨又舒适柔软的面料，热那亚帆布在此时进入制衣厂的视野，人们用这种帆布制成了第一条牛仔裤，制作公司是利维·施特劳斯创办的利维公司，而利维本人也被公认为是牛仔裤的发明者。

宇航服

宇航服也叫航天服，是一种由特殊材料制成的衣服。这种衣服需要保证宇航员不受低温和射线等侵害，还要提供人类生存所需要的氧气。世界上第一件航天服的穿着者并不是航天员，而是美国冒险家威利·波斯特，他在驾驶飞机飞跃北美大陆时，首次使用了航天服。

拿起武器

最早的武器源于打猎工具，如矛和弓，是原始人类狩猎的器具，也用来进攻或防御。随着人类文明的发展，部落与部落间偶有矛盾，便出现了早期争斗，人们发明了刀和短剑，这是最古老的武器，它们在近身攻击时更有杀伤力。

最早的武器

最早的武器是从地上捡到的石头块，当时的人们既把它作为工具，又把它当作武器，后来出现了棍棒，更利于远身攻击。在南非出土的一幅壁画上，刻画着两个身带树枝的人，这些树枝就是最早的武器，即棍棒。

弓

弓是世界上最古老的武器之一，又称长弓。它也是先用于打猎，后用于战争。在西班牙古代洞穴壁画中，就描绘了人们使用弓箭战斗的场面。

弩

弩是一种短弓，它与长弓有很大差别，就射击范围来说，长弓的射程约为200-300米，而弩的射程可高达600米。长弓一分钟内可以精准地射出6支箭。

飞去来器

飞去来器也叫回旋镖，意指飞出去再飞回来的武器。最早在澳洲时，这是土著人的一种传统狩猎工具，当看到猎物时，将飞去来器投掷出去，打到猎物最好，没打到也可以自己飞回来。后来用于战斗，现在则作为一种玩具出现。

冷兵器

所谓冷兵器，是指不使用火药和炸药等武器，在战斗中可以直接杀伤敌人，按材质可以分为石、骨、蚌、竹、木、皮革、青铜、钢铁等。但从火器时代开始后，冷兵器已经不是作战的主要武器了。

火器时代

火药是由木炭、硫黄和硝石按一定比例制成的，这项伟大的发明是在11世纪时由中国人完成的。将火药用于兵器制造并投入实战中，开始于唐朝末年，直至元朝，制造出了金属管形的射击火器——火铳，这意味着火器时代正式到来。

明代大鹏所城城墙砖、铁炮子
City wall brick and iron cannon shells in Dapeng Garris on City of the Ming Dynasty

驯养动物

公元前1.5万年，狗被人类成功驯养，当时狗的主要作用是协助狩猎，守护家园。之后，马、山羊、绵羊等也开始被驯养，越来越多的驯养动物出现在世界各地，这些动物被称为家禽及家畜。

雪橇犬

雪橇犬身上长着厚厚的毛，内层的绒毛起到保暖作用，外层的长毛用于抵御雨雪，这帮助它们适应北极的严寒和冰天雪地。雪橇犬被驯化后，可以在冰上拉着装满猎物的爬犁向前行进。

马匹

大约在6000年前第一匹马被驯化，那是在中亚的草原上，生活在那里的斯基泰人将欧洲野马经过训练变成了人类可以驾驭的温顺动物。在驯化之初，马匹仅仅是交通工具，人们发现骑马行进比走路快很多。

马蹄铁

马蹄铁也叫马掌，它既能保护马蹄，延缓磨损，还能使马蹄抓地更牢，对马匹自身和骑乘人都有好处。在欧洲很多地区，月牙形的马蹄铁被视为幸运的象征，被钉在自家家门上，这个小铁块存在多少年，家中就会幸运多少年。

马镫

马镫是挂在马鞍两边的脚踏，既可以帮助人们上马，又可以在骑行时支撑双脚。马镫是中国的一项古老发明，在东晋十六国时期便已出现，最早是单边，后发展为双边。马镫被国外称为"中国靴子"，它的出现使马匹从家畜转变为战马，因此这项发明具有划时代的意义。

索艾羊

家羊是由野羊驯化而来的，早在公元前8500年，生活在亚洲西南部地区的人类就开始驯养羊，而且山羊和绵羊这两个品种几乎是同时被驯化的。其中，生活在苏格兰地区的索艾羊就是最原始绵羊中的一种。

驯养家猪

在河南省贾湖遗址中首次发现了猪的遗骸，说明驯养家猪的时间在9000多年前的新石器时代早期。到了隋唐时期，养猪已经成为农民增收的一种重要手段。

原始农业

虽然狩猎或采摘野果子可以在一定程度上满足人类对食物的需要，但当遇到恶劣天气，以及大规模的动物迁徙，狩猎不成功时，人类就要忍饥挨饿。为了改变这种状况，人们开始通过耕作生产自己需要的食物，这就是原始农业的开端。

▶ 小麦

早在公元前9000年，生活在地中海东部的第一批农耕者开始种植小麦，这是人类最早种植的农作物。当时的人们经过实践，发现小麦这种植物长势健壮，而且收获的谷物饱满，饱腹感强，口感也很好。

▶ 耒耜

耒耜是我国最原始的农业生产工具，耒是木柄，耜是挖地起土的部分，这件工具与现代的铁锹类似，在犁出现之前，这是人们最先进的农具。

▶ 都江堰

战国时期，秦国李冰父子主持修建的都江堰，是我国古代建设并沿用至今的大型防洪、灌溉水利工程，被誉为"世界水利文化的鼻祖"。同时，都江堰与郑国渠、灵渠并称为秦代的三大水利工程。

儿童科学历史百科全书

丈量土地

在古代埃及，尼罗河每年都会发一次洪水，肥沃的淤泥为两岸提供了养料，农作物长势优良。但有利便有弊，洪水冲毁了田地间的界线，人们常为此发生争执，只能选择重新丈量土地，于是出现了利用三根绳子测量长度、角度和面积的量地行为，这是几何学的最早起源。

最早的农业遗址

目前，已发现世界最早的农业遗址位于埃及的阿斯旺附近，距今约有1.8万年，在遗址中出土了石磨、石皿和小麦、裸麦碳化壳粒等物，后两种是当时人类的栽培品种。

收割

在原始社会，谷类成熟后，主要靠石镰收割，这既费时又费力，之后发明了铁镰，提高了一部分效率。直到1831年，塞勒斯·麦考米克设计并制造了首台农业收割机，才彻底结束了人类手工收割的历史，这是农业机械史上的一项重大发明。

早期建筑

在原始社会早期，人们居住在天然的庇护所中，如山洞、树洞等处。后来，为了居住得更加舒适，人们开始利用木头、石块、泥土等自行修建住宅及其他建筑，这便是人类历史上的早期建筑。

洞穴

洞穴是早期人类的居所，当时的人类也因此被称为穴居人。在3.2万—2.4万年前，澳洲大陆上存在着3处重要的洞穴，包括澳洲西部的莱尔洞穴、北部的克里兰山石头避难所和南部的库纳尔达洞穴。在库纳尔达洞穴中的石壁上还刻有简单的线条，这可能是最早的壁画。

兽皮小屋

在智利的维纳蒙特地区，仍保存着美洲人最早修建的房屋。这些小屋用木头搭建起框架，用缝制在一起的兽皮覆盖在框架上，这是当地最原始的建筑。

最早的城镇

在土耳其中部，考古学家发掘了一处人类早期的城镇。这些房屋是由泥砖、芦苇和木头制成的，房子建得非常紧密，几乎没有街道，人们通过屋顶平台沿着梯子下到地面，这样建筑的目的是易守难攻，可以更好地保卫家园。

金字塔

金字塔修建在沙漠地区，是法老死后的坟墓。位于吉萨的胡夫金字塔是最著名的金字塔，塔高146.59米，由大约230万块石灰石建成，其中，最重的石块达到16吨左右，用如此巨大的整石建筑房屋，在当时是建筑史上的奇迹。

茅草棚子

茅草棚子是我国最早的房屋遗迹，被发掘于半坡遗址中。这些房子是圆形的，先用坚固的木材搭出框架，再用细长的树枝围在房屋四周，然后涂抹上泥浆，建成了光滑的墙壁，在屋顶上覆盖芦苇，中心处留有出烟口，这是我国最早的建筑。

混凝土

混凝土是用水泥、砂石等按照一定比例制成的建筑材料，它因坚硬、抗压等优良特性被广泛应用于各种建筑中。我国最早的钢筋混凝土建筑是中山大学的马丁堂，它建于1905年，至今仍在正常使用中。

早期天文学

可能在史前的某个时刻，一位猎人仰望星空，观察哪天的月光更明亮，更利于他狩猎，于是早期的天文学便开始了。从早期对天空仅仅抱有幻想，到后来开始观察天文，记录天文，并利用天文学辨别季节。所有的这些都说明，在人类发展的进程中，天文学起到了至关重要的作用。

最早的天文记录

公元前2679年，古代中国人记录了一颗特别耀眼的新星的出现。公元前2316年，同样发生在中国，某人记录了一颗彗星划过天空的景象。这是目前世界上关于天文学的最早记载。

喜帕恰斯

喜帕恰斯是古希腊的一位天文学家，他根据星星的亮度，给天空中每颗星星定了等级，等级为1—6级，最亮的称为一等星，如天狼星，最暗的为六等星，至今，亮度等级的概念仍被沿用。

星座

星座起源于公元前2000年，那时候古巴比伦人划分出了第一批星座。后来天文学家们不断增补，到1922年，88个星座的图案被批准，1930年，这些星座的直边边界也被批准。当然，除88个星座外，天空中还有很多其他的星星。

二十四节气

二十四节气是用圭表测定出的，圭表是我国最古老、最简单的天文仪器。它通过度量日影长短来确定冬至与夏至的时间，然后经过推算，将太阳运行一年分为二十四等份，这就是我们熟知的二十四节气。

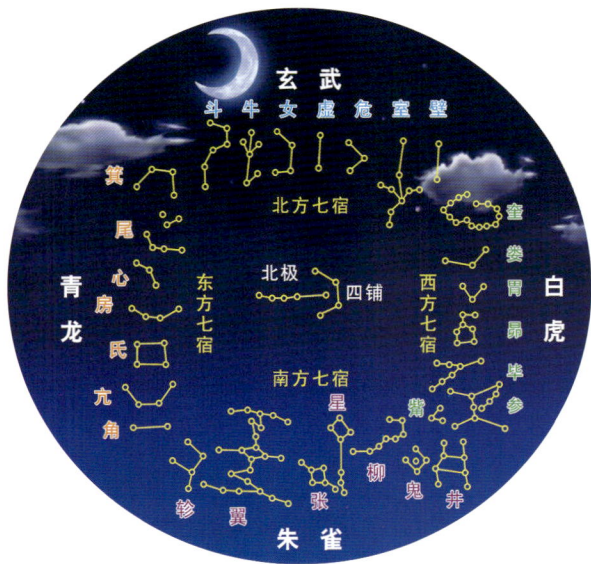

二十八星宿

我国古代的天文学家根据日月星辰的运行轨迹和位置，把黄道附近的星象划分为二十八组，即俗称的二十八星宿，又将二十八星宿按方位分为东苍龙、南朱雀、西白虎、北玄武，四宫每宫七宿。

最早的历法

古埃及的太阳历是世界上最早的历法，以365天为1年，1年分为12个月，每月30天，每年的年终再加5天作为节日。如今世界多地施行的阳历与之相差无几。

轮子的故事

环顾生活各处，不论是汽车轮胎，还是机械齿轮，都是圆形的，在轮子发明之初，人类为什么不把它制成方形或是其他形状的呢，这可能要从原始崇拜开始说起。

日月崇拜

原始社会，太阳和月亮高高悬挂在天空，给人类带来光明的同时，也带来了神秘感。人类非常崇拜日月带来的自然力量，也喜欢日月的形状，认为那就是完美的东西，因此，轮子非常有可能是由对日月的崇拜而演化出来的发明。

木轮

5000多年前，苏美尔地区首先出现了两个木轮子的运货车，这些两轮车可以将大型物品运送到更远的地方，从而推动了运输和贸易的发展。

橡胶轮胎

1888年，约翰·邓禄普发明了充气式橡胶轮胎，他把做成管状的橡胶包在自行车车轮的边缘，进行充气，这种轮胎比之前的实心橡胶轮胎更有弹性，且减震功能更好。

儿童科学历史百科全书

战车

古代战车多为两个轮子，用独辕连接，车厢为方形，由四匹战马拉着行进。车上有三人，中间是驾驶者，左边是弓箭手，负责远程射击，右边为刀枪手，负责近距离格斗。

磁悬浮列车

1969年，第一辆没有轮子，完全靠电磁力行进的磁悬浮列车，在德国研制成功，这意味着车子没有轮子也是可以跑起来的，这是科技史上的又一次重大飞跃。

风滚草

在沙漠地区，有一种坚强的植物叫风滚草，旱季来临时，它从沙地中收起自己的根系，团成一团随风滚动。直到找到新的扎根地，再继续生长。生物界中，还有一种以滚动为行走方式的动物——蛲螂，生物学家称这种以滚动方式行进的生物为"轮式生物"。

陶瓷的故事

早在10000年前，处于新石器时代的人类就开始制作陶器，这种由黏土烧制而成的容器虽然表面粗糙，但经久耐用，解决了人们生活中的很多实际问题。随后，善于总结与更新的中国人，在制陶的基础上发明了瓷器，中国的瓷器驰名世界。

▶ 最古老的陶器

已知世界上最古老的陶器是在中国江西省被发现的。在江西上饶的万年仙人洞遗址中，出土了90多片碎陶片，并拼接出了一件陶罐，这些陶片经鉴定距今已有2万年的历史，是世界上年代最久远的陶器。

▶ 瓷器

与遍地开花的陶器发明不同，瓷器是中国独创的重大科技发明。在距今3500多年的夏商时期，人们经过研究烧制出了原始瓷器，发展到唐代，我国已经能够烧制出世界上最精美、最优秀的瓷器产品了。

▶ 走向世界

在《马可·波罗游记》中，完整记录了中国瓷器的面貌，还详细描写了福建德化窑的制瓷方法，这是欧洲最早记录中国制瓷工艺的书籍，也是欧洲人全面了解中国瓷器的第一扇窗，从此之后，瓷器踏上了闻名世界之路。

温度

在陶器与瓷器的烧制中，温度有很大差别。低温烧陶，高温烧瓷。烧制陶器的温度在800—1000℃，而烧制瓷器的温度则需要1200—1400℃。

丝绸之路上的活化石

在中国通往世界的贸易之路——丝绸之路上，丝绸、瓷器和茶叶是我国向外输出的三大商品，丝绸和茶叶都是消耗品，只有瓷器，因材质坚硬而成为丝绸之路上的活化石，是丝绸之路的最主要见证物品。

青花瓷

青花瓷又称白地青花瓷或青花，是一种白底蓝花的釉下彩瓷器。它是中国瓷文化中最具代表性的品种之一，收藏价值极高。在澳门某个拍卖会上，一件元青花"萧何月下追韩信青花梅瓶"拍得6.8544亿元人民币，成为世界上最高价的中国瓷器。

冶炼金属

大约在公元前4000年，尼罗河流域的埃及人率先开始使用铜器，开启了金石并用的新时代。虽然铜器不容易得到，但是它的出现说明了冶金技术获得一定发展，人类从石器时代正式迈进了青铜器时代。

铜的出现

铜是人类发现最早的金属之一，在新石器时代晚期，人类便在铜矿石中发现了纯铜，即红铜。这种颜色漂亮的金属被制成装饰物和工具，锋利程度远远高于石头工具。

青铜器

在公元前4000年，美索不达米亚人在长期的冶炼中发现，铜中加入锡可以增加铜的硬度，这样就解决了红铜不够坚硬的难题，这种铜锡合金因呈青灰色而被称为青铜器。与此同时，在遥远的东方，中国的青铜制品也开始形成，这标志着人类进入一个新的时代。

商后母戊鼎

商后母戊鼎，又称司母戊鼎、司母戊大方鼎，商后期（约前十四世纪至前十一世纪）铸品，出土于河南省安阳市武官村。商后母戊鼎形制巨大，雄伟庄严，工艺精巧。高133厘米、口长110厘米、口宽79厘米，重832.84千克。是已知中国古代最重的青铜器。

天然金

早在公元前2600年，非洲地区便开始使用天然金制成的金属制品，虽然比铜和铁的使用要晚很多，但金具有稳定的化学性质，这就为天然金成为贵金属奠定了基础。

长生不老药

在中国，推动冶金技术不断前进的是帝王对长生不老药的追求。冶金术士将各种物质混合在一起，制成所谓的仙丹，这些药丸往往含有大量水银和砷，整日吞服"毒药"的王侯将相并没有长生不老，反而比普通百姓死得还早。

《管子·地数篇》

《管子·地数篇》是我国古代最著名的探矿理论著作，里面总结了一些矿床中矿物的分布规律，现代学者从中总结出"管子六艺"，如"上有丹砂下有黄金""上有赭者下有铁"等，这些寻找矿藏的知识至今仍被运用着。

25

数字的诞生

大约在1万年前，人类开始农耕生活之初，便出现了数字，因为人类需要计算养了多少只羊，卖了几头牛，收获了几袋粮食等。最初，人们只能用简单的符号表示10以内的计数，很快，巴比伦人发明了用不同的符号表示更大的数字，这便是现代数字的基础。

结绳计数

结绳计数是原始社会人类的一种计数方式，每需要计一个数，就在绳子上打一个结，最后绳子上有多少个结，就代表有多少物品，这比之前的数手指和用小石子计数更方便携带且容易保存。

毕达哥拉斯

毕达哥拉斯是人类社会早期最伟大的数学家之一，他提出了著名的毕达哥拉斯定理，即直角形三角定理：直角三角形两个直角边的平方之和等于第三条边的平方。

没有数字的世界

在亚马孙深处的原始部落中，不存在准确的数字，他们只用"一些""很多"或"少许"等词汇表示模糊的数字概念。

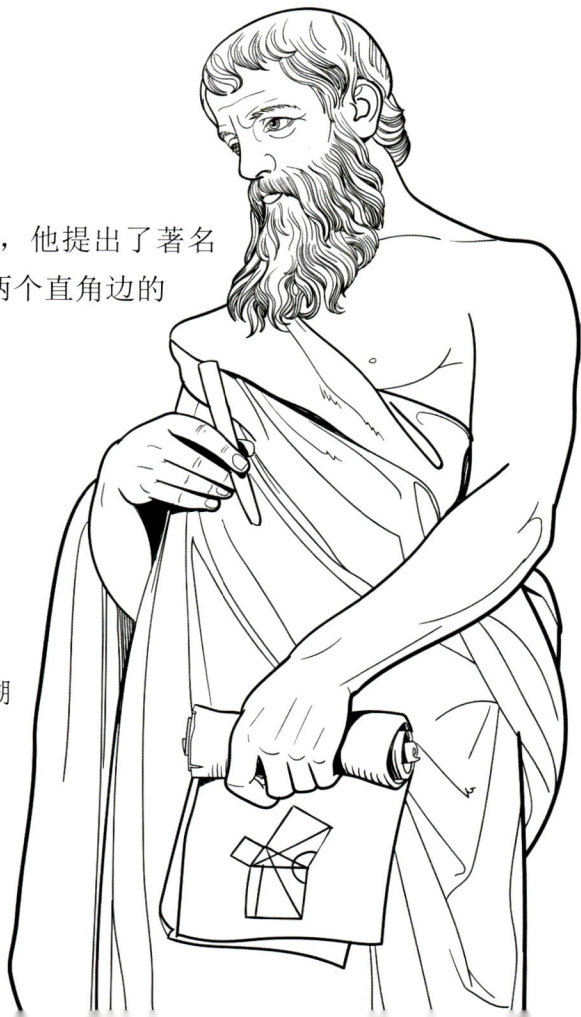

▶ 《几何原本》

《几何原本》是学习几何的基础著作，直至今日，数学家仍然沿用其中对平面几何的表达方式，即点、线、面。这本著作是由古希腊的数学家欧几里得在公元前300年左右完成的。

▶ 算盘

算盘也称珠算，起源于16世纪的中国，是一种沿用至今的古老计算工具，可以说是计算器的鼻祖。它不但可以进行加、减、乘、除，还可以进行计算分数和开平方根等复杂的数学演算。联合国教科文组织已将珠算列为人类非物质文化遗产。

$$1 \times 1 = 1 \qquad 2 \times 1 = 2$$
$$1 \times 2 = 2 \qquad 2 \times 2 = 4$$
$$1 \times 3 = 3 \qquad 2 \times 3 = 6$$
$$1 \times 4 = 4 \qquad 2 \times 4 = 8$$
$$1 \times 5 = 5 \qquad 2$$
$$1 \times 6 = 6$$
$$1 \times 7 = 7$$
$$1 \times 8 = 8$$
$$1 \times 9 = 9$$

▶ 乘法口诀

乘法口诀也称"九九歌"或"小九九"，是我国古代筹算中进行乘法、除法、开方等运算的基本计算规则，至今已有2000多年的历史，这是我国对世界数学发展的一项重要贡献。

文字的诞生

最初的文字只是一些简单的符号，用来说明哪些物品归谁所有，如原始人"一"拥有三匹马、五只羊，而原始人 "二"拥有一块土地和五头猪等。后来，人们想记录得更详细一些，就发展出更为复杂的书写体例，能够记录故事，文字的发展标志着史前社会正式结束。

仓颉造字

仓颉造字是我国古代的神话传说之一。在仓颉造字之前，人们"结绳以记事"，后来这种方法不适用了，便出现了文字。仓颉所造的字属于象形文字，仓颉本人被后世尊称为"造字圣人"。

楔形文字

生活在美索不达米亚地区的苏美尔人发明了楔形文字，他们采用削成三角形的尖头芦苇秆在泥板上刻画写字，由于笔画是楔形的，所以被称作"楔形文字"，这是世界上已知最早的文字。

象形文字

象形文字最早出现于公元前3100年的埃及，是最古老的文字之一。这种文字是由图画发展而来的，每一个符号代表一种物体和一种读音，如一个大圆圈套个小圆圈可以表示太阳，也可以表示白天，而波浪线则表示水。

甲骨文

甲骨文也称"契文""甲骨卜辞"，是我国的一种古老文字。甲骨文也属于象形文字，它被刻在龟甲和兽骨等处，遂称甲骨文。目前，已出土的单字约有4500个，已经释读出的字有2000个左右。2017年，甲骨文成功入选"世界记忆名录"。

汉穆拉比法典

《汉穆拉比法典》是古巴比伦时的一部法典，刻在一块黑色的玄武岩上，让所有人都能看到并时刻以此监督自身。法典内容包括货币、财产、家庭等，违法者会受到相应的惩罚。《汉穆拉比法典》是人类历史上最早以文字记录的法律规范。

载体

文字的载体多种多样。人类早期，图文被刻画在石壁、龟甲、兽骨、贝壳上，古埃及人将文字记录在莎草纸上，古巴比伦人将文字刻画在泥板上，只要泥土保持柔软就可以反复使用，这为演算和练习提供了便利。

最早字母表

大约在公元前1000年，腓尼基人发明了世界上最早的字母表，表中包含22个字母，全部为辅音字母。

Alef [A] bull,ox	Beth [B] house	Gimel [G] stick/camel?	Daleth [D] door	Héh [E] breath/window?	Waw [W] fork,crook,peg
Zaïn [Z] arrow,sword	Heth [H] wall,fence,field	Theth [θ/Th] wheel	Yodh [Y] hand	Kaph [K] palm/plant?	Lamed [L] goad,whip
Mem [M] water	Nun [N] snake,eel	Samekh [S] fish/support?	Ayïn [O] eye	Péh [P/Ph] mouth	Tsadi [C/Ts] hook/papyrus?
Kof [Q/Kh] axe	Resh [R] head	Shin [Š/Sh] tooth	Taw [T] mark		

觉醒时代

人类有文字记载的历史已有5000多年，在这5000多年的历史画卷中，科学和技术的发展始终占据着非常重要的位置，可以说，人类的每一个科技发明、每一项科学发现，都标志着人类觉醒时代的来临。

炼 铁

大约从公元前1500—前1000年开始，人类就进入了铁器时代，而认识铁，并开始利用铁，早在这之前就开始了。进入铁器时代后，铁质工具和铁质武器仍然只是富人才能得到并使用的，铁器大规模应用的时代还未到来。

▶ 陨石

地壳中虽然含有丰富的铁，但人类最早发现的铁却是从天空落下的陨石。陨石是铁和镍的混合物，其中铁的含量极高，达到90.85%左右。

▶ 鼓风炉

早在公元前3000年的青铜器时代，就已经出现了原始的鼓风系统。但被世界公认的最早的鼓风铸铁炉出现在公元700年的西班牙，它的名字是卡塔兰熟铁炉。随着鼓风炉的发明，铁器才开始广泛进入人们的日常生活当中。

▶ 最古老的铁器

出土于土耳其北部的铜柄铁刃匕首距今约有4500年，是赫梯王国所制造的，这把匕首是目前世界上最古老的铁器。生活在土耳其附近的赫梯人，也是第一个从铁矿石中熔炼出铁的民族。

英国

在14世纪，英国是整个欧洲地区铁的主要冶炼中心，一天的产铁量高达3.3吨。但由于当时冶铁使用的燃料是木炭，所以英国的森林在这一时期遭受到了灾难性的砍伐。

铁器时代

铁器时代是继青铜器时代之后的又一个人类发展史中非常重要的时代，它从公元前1000年左右开始，直至现在，铁器时代是以人类掌握了炼铁技术为标志的。

最大铁矿

世界上最大的铁矿是位于巴西和玻利维亚交界处的穆通大铁矿，这处铁矿面积约为83万平方千米，总储量为400亿吨。

指南针

指南针起源于中国，古时叫作司南，是利用磁针在天然地磁场中能够与磁力线的指向保持一致而制成的指南针。早期主要用来看风水，后由阿拉伯人传入西方，在西方航海史上起到了至关重要的作用。

司南

人类的第一个指南针——司南，是由中国人制造的。它是将天然磁石雕刻成勺子的形状，然后摆放在一个刻着方向、星座分布和占卜符号的底盘上制成的。

磁石

地球上，并不是所有金属都能制作磁石，只有少数的金属具有较强的磁性，如铁、镍和钴，我们常见的磁石都是由这三种金属制作的。

指南车

指南车也称司南车，它借助转动机构，不管车辆如何行驶，车上木头人的手臂始终指向正南方，这种车最初使用在帝王出行的仪仗中，是中国最古老的指南工具。

郑和航海图

《郑和航海图》是根据郑和下西洋的航路整理加工绘制的,这本图集是我国地图学史上的一大创作,更是世界上现存最早的航海图集。目前,收入在《武备志》中。

指北针

指南针分明指向北方,为何不叫指北针呢?这主要与我国古代以南方为尊位有关,古代帝王就座议事都是面向南方的,只有朝拜的臣子才面朝北方,因此南方为尊历时已久,司南和指南针的名字也正是由此而来的。

夜间测时仪

在航海中,指南针可以用来辨别方位,沙漏可以用来报时,而夜间测时仪则可以在夜间报时,它利用与北极星并排的两颗星星进行测量,在10分钟之内就可以准确报出时间。

造纸术

大约在公元105年，我国汉朝时期发明了造纸术，这项技术广泛应用后，促进了文化的长足发展，纸质文献在民间开始广泛传播。

▶ 最早的纸张

大约在公元前2500年，古代埃及人发明了最早的纸张——用尼罗河岸边生长的芦苇制作成的莎草纸。先将芦苇去皮，撕成细条后十字形交织起来，压平后再用石头将表面打磨光滑，这样就制成了莎草纸。

▶ 贝叶经

贝叶经源于古印度，是一种写在多罗树叶子上的经文。多罗树也叫贝多罗树，古印度人常用其叶子或是白桦树皮来作为书写介质，将经文抄写在上面，但这种材料容易损坏，无法长久保存。

▶ 绢帛

绢帛是我国古代的一种书写材料，多为白色丝帛，将文字记录在上面，称为帛书。从湖南长沙子弹库古墓中出土的楚帛书，是世界上现存最古老的帛书，迄今已有2300年的历史。

竹木简

竹木简是将文字刻在竹片或木片上，用绳子穿起结集成册。相传西汉时期，东方朔给汉武帝刻了一封信，整整用了3000多根竹简，装订好后由两个身强力壮的侍卫抬到汉武帝的面前，足见竹木简的文书有多么沉重。

纸坊

1150年，在西班牙的萨狄瓦，建成了欧洲第一家造纸厂，那时的造纸厂也被称为"纸坊"。

岩画

2017年，考古学家在印尼某地的一处洞穴中发现了疣猪岩画，据考古推测，这些岩画可追溯到4.5万年前，是目前已知最古老的绘画作品。从中也可以看出，岩壁是早期人类书写的重要材质之一。

纸 币

在1300多年前，造纸术发明后，我国开始使用纸币，这比西方国家早了600多年。纸币的出现，主要为了适应流通需求，唐宋时期商贸繁荣，小面值的铜钱不再适用，纸币的出现势不可当。

▶ 交子

交子出现于北宋时期，商人把大额钱币存放在"交子铺户"，铺户将存款数额写在纸上，这张纸就被叫作"交子"，它更像现在的存款凭证。交子不仅是中国最早的纸币，还是世界上最早使用的纸币。

▶ 天然海贝

在原始社会，石头、羽毛、宝石等都曾经被当作货币使用过，但由于不统一，使用起来有诸多不便。这时，容易得到且大小基本一致的海贝被发现并开始充当钱币的角色。可以说，天然海贝是人类社会最早的钱币。

▶ 最早的银行

威尼斯银行是世界上最早的银行。现在所用的银行的英文"bank"也是由意大利语"Banca"转化来的；而"Banca"在意大利语中的意思是"板凳"，所以最早的银行家被称为"坐在长板凳上的人"。

最早的移动支付

早在1999年，我国就出现了最早的移动支付。中国移动与中国工商银行等金融部门联合推出了手机查询余额和手机缴费等业务，这是移动支付的雏形。

最贵的银币

一枚在古希腊时期流通的、面值为10德拉马克的银币，因为年代久远，收藏价值颇高，在瑞士以27.2万美元的价格售出，堪称是世界上最昂贵的银币。

第一套人民币

1948年12月1日，由中国人民政府所属国家银行印制发行了我国第一套人民币。共有12种面额，分别是1元、5元、10元、20元、50元、100元、200元、500元、1000元、5000元、10000元和50000元。

印刷术

在没有发明印刷术之前，人类出版一本著作全靠手抄，这既费时费力，又无法保证正确率。雕版印刷出现后，大大便利了文化传播，但每一本书都需要重新刻版，也比较烦琐。直到宋代，毕昇发明了活字印刷术，这是印刷史上的一次伟大飞跃。

▶ 汉译《金刚经》

1900年，在敦煌发现的汉译《金刚经》是世界上现存最早的雕版印刷品，印刷时间为"咸通九年四月十五日"，也就是868年。

▶ 铅字印刷

1436年，德国人约翰内斯·古腾堡发明了金属活字，即铅活字，这使铅字的大规模生产过程变得经济且快捷。世界上最早用铅活字印刷的书，是一本拉丁文的圣经。

▶ 印刷最多的书

世界上印刷量最大的书籍是《圣经》，每年都会印制6000万册左右，出版至今已累计发行40亿本。此外，《圣经》已被翻译成2212种语言，也是译本最多的书籍。

▶ 最早的活字印刷品

印刷于公元1103年的《佛说观无量寿佛经》是世界上现存最早的活字印刷品。它于1965年在浙江温州被发现。

▶ 复印机

世界上第一台复印机是由切斯特·卡尔森发明的，他的这一专利被"哈洛尹德公司"买下，并重新命名为"施乐静电复印机"。复印机的出现，解决了个性化的印制需求。

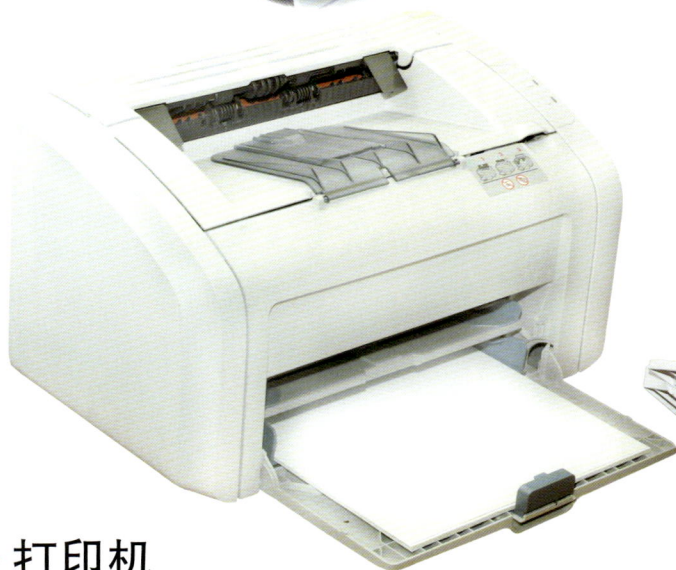

▶ 打印机

打印机是计算机的输出设备之一，能够满足个性化的排版与印刷。打印机的发明晚于复印机，世界上第一台商业3D打印机是由美国科学家查克·赫尔于1986年发明的。

笔

作为书写工具，笔和纸张具有同等重要的作用。笔的诞生要从那些可以在地上描画出形状的石块、树枝说起，这是最原始的笔，是笔的雏形。之后，人们发现了木炭棒、羽毛笔、毛笔、钢笔、签字笔，直至今日，电脑打字逐渐替代了笔，但笔作为文化的传播介质是永远不会消失的。

木炭棒

古埃及时，木炭棒被用来作为书写工具，它能轻易画出黑色的痕迹，且容易擦拭。之后，人们又发现了石墨棒。但这两种工具都容易弄脏手，聪明的人类把石墨棒的外面包裹上一层木片，最初的铅笔就诞生了。

羽毛笔

相传，羽毛笔是公元6世纪时由罗马人发明的。他们用禽类翅膀上最长的五根羽毛来制作羽毛笔，最常用的是鹅毛，因此羽毛笔也被称为"鹅毛笔"。这种笔从中世纪到公元19世纪，使用时间长达1000多年。

毛笔

在中国，毛笔像西方的羽毛笔一样，有着非常悠久的历史。据传，毛笔是秦朝大将蒙恬改良而成的，他也因此被称为"笔祖"。

最早的钢笔

19世纪初，美国人沃特曼制成了世界上第一支钢笔。但这支钢笔中的墨水不能自由流动，写一会儿后需要按压一下活塞才能继续出墨水，比起现在的钢笔还是有很多不便之处。

颜色最多的彩色铅笔

1992年，日本生产销售的芬理希梦彩色铅笔有500种颜色之多，是世界上颜色最多的彩色铅笔。此外，每一种颜色都有非常浪漫的名字，如"黑樱桃派""印加的太阳"等。

文房四宝

在中国，笔、墨、纸、砚被誉为"文房四宝"，意思是文人的书房中少不了这四件物品，不论是写字还是绘画，文房四宝都是必需品。

43

黑火药

黑火药是最早的人造爆炸物，由硫黄、木炭和硝石按照一定比例混合而成，会产生巨大的爆炸力。这项发明是在公元855年左右，由中国炼丹士在炼制"长生不老药"时无意中发现的。

▶ 《武经总要》

《武经总要》中有关于火药的最早文字记载。1044年，史学家曾公亮首次在他编写的《武经总要》中提到"火药"这个名词，之前人们只是配制出了黑火药，却并无命名。

▶ 火蒺藜

火蒺藜是最原始的炸弹，它是由宋代的唐福在公元1000年左右发明的。这种武器外壳为瓷制，里面填充了火药、砒霜、沥青等，抛到敌军阵营中，既会引起爆炸，还会产生毒气，杀伤力很强。

▶ 炸药

这里所说的炸药实际上是硝化甘油炸药，也称黄色炸药，与黑火药是有区别的。炸药的发明者是瑞典的化学家阿尔弗雷德·伯纳德·诺贝尔，他是诺贝尔奖的创始人。

爆竹

爆竹又称鞭炮，在过去的很多年，它都是每户人家过春节时的必备品。爆竹的制作与火药紧密相连，将火药填充到竹筒内，点燃后会发出巨大的响声，这就是"爆竹"的由来。

克雷西战役

在1346年的克雷西战役中，英国人首次在战争中使用了火药。当时的爱德华国王有几门火炮，这些早期的火炮更像是个大瓶子，但威力却不小，帮助英格兰在此次战役中大获全胜。

TNT

TNT是高爆炸药，它是由J·威尔勃兰德于1863年发明的。这种炸药威力十足，1千克的TNT可以炸毁一栋2层高的混凝土楼房，是现代最常用的炸药，被称为"炸药之王"。

滑 轮

　　滑轮是一种简单的机械，它依据杠杆原理制成，滑轮其实就是变形的、能转动的杠杆。它可以改变施力的方向，使人节省一半以上的力气。

亚述人

　　在公元前8世纪，亚述人最早开始使用滑轮。在一幅浮雕作品中，展示了这种非常简单的滑轮，它只能改变施力的方向，使用它的主要目的就是方便施力。

滑车

　　中国古代将滑轮称作滑车，它是一种起重机械，核心构件是滑轮，其他还有木架、绳索等。1988年，在江西瑞昌古铜矿中出土了一架商代中期的滑车，滑轮为五齿形，轮宽320毫米，轮的直径为350毫米，这是目前我国最古老的滑车。

最古老的齿轮

　　中国在公元前400—200年就已经开始使用齿轮了，指南车就是以齿轮机构为核心的机械装置。在山西出土的青铜齿轮是迄今发现的最古老的齿轮。

▶ 辘轳

公元前1100年左右，中国人发明了辘轳，这是一种利用轮轴原理制成的起重装置。由于长手柄起到了增大动力臂的作用，从井中提水时就会相对省力，比起徒手取水，也更稳当，洒水更少。

▶ 撬动地球

阿基米德有一句名言："给我一个支点，我可以撬动地球。"当时的国王，希伦二世对此表示怀疑，于是阿基米德在港口安装了一组滑轮，并叫人把绳子一端拴在一只货船上，自己则用一只手轻松地将大船拖到了岸边，国王顿时佩服得五体投地。

▶ 绞车

绞车是我国古代与滑车、辘轳相似的另外一种起重机械，现代叫作卷扬机。它最早起源于西晋时期，宋朝时创制出了用于军事工程的绞车，起重能力可达2000斤。

风车

　　风车是利用风作为能源的动力机械，是由船帆发展而来的。古时候的风车有"立式风车""自动旋翼风车"等，利用风车的动能，可以提水灌溉、碾磨谷物等，在一定程度上替代了人力劳动。

最早的风车

　　在非洲尼罗河西北部亚历山大利亚有一种石塔风车，塔的顶部建有一架带有六片羽翼的风车，这是现存最古老的风车。当时建造的风车，主要用来提水灌溉和研磨面粉。

风力发电

　　在风车发明的早期，主要用来灌溉和研磨。直到1888年，美国俄亥俄州的工程师查理·布什利用风车来发电，风力的应用得到了更长远的发展。

水车

　　与利用风能一样，在公元前80年左右，人们开始利用由水来提供动力的水车。早期的水车牵动的都是磨石，所以一开始人们也把水车称为"磨坊"。

航标灯

风力、水力、潮汐、海浪等都属于自然能源，是绿色环保的清洁能源。1964年，日本科学家研制成功了世界上第一个海浪发电装置，称为航标灯。这套装置仅有60瓦的发电量，发电能力只够点亮一盏灯，但它却是人类利用海浪发电的首次创新。

阳燧镜

阳燧镜是一种铜或铜合金制成的凹面镜，古时用来照日取火，通过汇集光线提高一点的温度而使火绒燃烧。这是人类最早利用太阳能取火的工具，也是古人利用太阳能的最早记录。

风车之国

荷兰是一个低地国家，大西洋的海风为它提供了充足的天然风能。从13世纪开始，荷兰就开始使用小型风车磨制面粉。到了19世纪，全国风车达到2万多座，现存的仍有将近1万座，是世界上风车最多的国家，也因此被称为"风车之国"。

擒纵器

擒纵器是机械钟表内控制运行速度的装置，最早的擒纵器是由中国人发明的。唐代杰出的天文学家一行（僧人）发明了擒纵机构，也就是擒纵器。

日影钟

日影钟是在公元前3500年左右由埃及人发明创造的。它就是一根直立在地面上的木棒，人们根据太阳在空中的位置变化使木棒产生的阴影来判断时间，它是已知最早的计时工具。

滴漏

根据水滴的规律制造出的计时装置就是滴漏，这是古时候的计时器。在公元前1400年，古埃及人发明了漏壶，这是一个装满水且壶内壁有刻度的容器，水滴会从壶底的小孔滴出来，容器的水平面就表示时间。

最早的机械钟

公元1088年，北宋的苏颂等人成功研制了"水运仪象台"，这是最早的机械钟，它使用的是能符合高精度要求的擒纵机构，开启了近代钟表擒纵器的先河。

▶ 占星钟

之所以称为占星钟，是因为它既可以显示时间，又可以展示太阳运动和月亮、行星的相位。目前，世界上最大的占星钟是位于捷克布拉格的占星钟，又称布拉格天文钟，距今已有600多年的历史了。

▶ 发条

1502年，德国钟匠皮特·亨莱因发明了第一个发条钟，它带有一个水平的钟面且仅有一根时针，去掉了庞大的擒纵机构，钟的体积大大缩小。到了1542年，亨莱因又制造出了第一块手表，这块手表由发条驱动，由一根时针指示时间。此后，计时器走向了便携时代。

▶ 钟表之国

目前，世界上绝大多数的名牌钟表都产自瑞士，创办于1601年的日内瓦制表协会是世界首家钟表行业协会，协会包含的制表厂多达500余家，瑞士是名副其实的钟表之国。

圆周率

　　圆周率是圆的周长与直径的比值，通常用字母 π 来表示。为了探究这个神秘的数值，古人们努力了几千年，古埃及人认为 π 应该是3.16，古罗马人则认为是3.12，直到公元480年左右，我国数学家祖冲之进一步得出精确到小数点后7位的结果，即 π 为3.1415926—3.1415927。

▶ 最早的圆周率

　　公元前3世纪，数学家阿基米德是第一个研究圆周率的人，他得出的近似值为3.14，是世界上首次计算出来的圆周率数值，后人为了纪念他，将3.14称为"阿基米德数"。

▶ 更精确

　　1949年，美国人首次用电脑计算 π 值，将圆周率精确到小数点后2037位。近年来，随着计算机的发展，目前已将 π 值计算到了小数点后10万亿位。

3,14159265358979323846264338327950288419716939937510582097494459230781640628620899862803482534211706798214
0865132823066470938446095505822317253594081284811174502841027019385211055596446229489549303819644288109756
59334461284756482337867831652712019091**4564856692346034861045432664821339360726 0**2491412737245870066063155 8
1748815209209628292540917153643678**9259036001133053054882046652138414695194151 1 6**0943305727036575959195309 2
861173819326117931051185480744623**79962749567351885752724891227938183011949129 83**367336244065664308602139 49
63952247371907021798609437027**70539217176293176752384674818467669405132000568127**145263560827785771342757 7 8
60917363717872146844090122495**3430**14654958537**1050**7922796892589**235420**199561121290196086034418159813629774 7
13099605187072113499999998372**978**04995105973**173281**609631859502**445945**534690830264252230825334468503526193118
17101000313783875288658753320**08**38142061717**766914 7**303598253490**428755**4687311595628638823537875937519577781 8 01
949129833673362440656643080602**139494639522**4737719070217986094370277**053921717629317675238467481846766940513 2
005681271452635608277857713427577896091736371787214684409012**24955**343014654958537105079227968925892354201 9
56112129017931051185480744623799627495673**51885 7**5272489122793**81830**119491298336733624406566430860213949463 9
22473719070217986094370277053921717629317**675238**46748184676694**094051 3**2000568127145263560827785771342757789069
7363717872146844090122495**34301465495853 7**105079227968925892**542019**56112129019608603441815981362977477130
9605187072113499999983729780499510597313281160963185950244594553469083026425223082533446850352619311881 7 1
10003137838752886587533208001194912983367**336244**065664308602**1394946**3952247371907021798609437027705392171762
3176752384674818467669405132000568127145**263560**827785771342757**789 6**091736371787214684409012249534301465495 8
3710507922796892589235420199561121290109 **38446**095505822317253**359408**1284811174502**84**102701938521105559644622 9
8954930381964428810975665933446128475**6482 3378**678316527120190914564856692340 **34**86104543266482133936072602 4
1412737245870066063155881748815209209**628292 5**4091715364367892590 360**01**133053054882046652138414695194151 1 609
33057270365759591953092861173819**326117931 05**11854807446237996274956735188575 **2**72489122793818301194912983 36
33624406566430860213949463952247**3719070217 9**860943702770539217**1119385211055596**44622948954930381964428810975
6593344612847564823378678316527**12019091456**485669234603486104543266482133936072602491412737245870066063155
81748815209209628292540917153643678**9259**036001133053054882046652138**4147**03657595919530928611738193261117931
511854807446237996274956735188575272846643224891227938180555964462294895493038196141273724587006606631558 8
748815209209628292540917153643678925903600113305305488204665213841469519415116094330572703657595919530921 8

黄金分割率

古人除了研究圆周率，还在很早之前发现了其他数学定律，如黄金分割率。公元前6世纪，古希腊数学家毕达哥拉斯为了研究如何在线段AB上选一点C，而发现了黄金分割率，并通过计算得出黄金分割点为0.618。

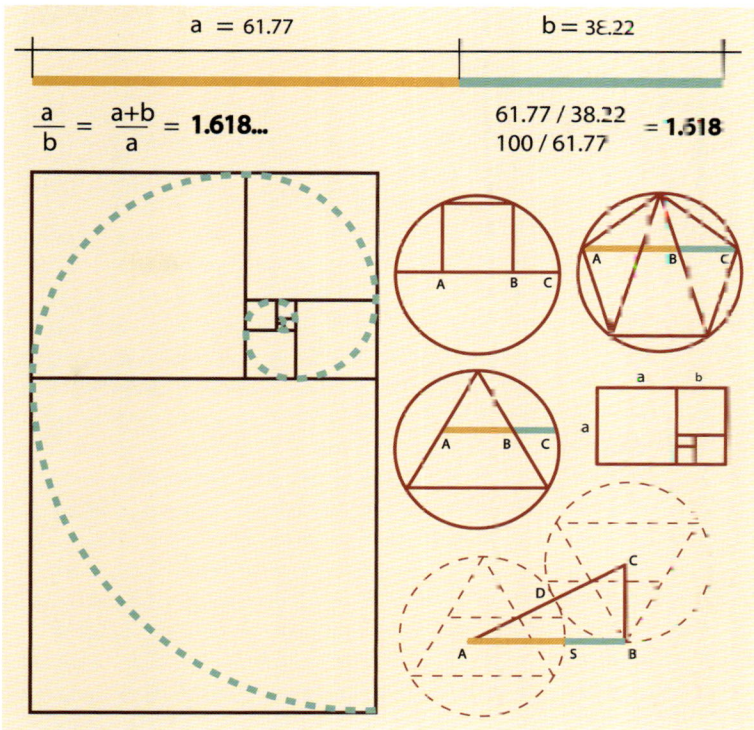

a = 61.77   b = 38.22

$$\frac{a}{b} = \frac{a+b}{a} = 1.618...$$

$$\frac{61.77 / 38.22}{100 / 61.77} = 1.518$$

祖冲之

祖冲之除了在数学方面有巨大贡献外，还撰写了《大明历》，这是当时最科学、最进步的历法，对后来的天文学研究起到了重要的推动作用。

圆周率日

每年的3月14日为圆周率日，这一天，全球的数学爱好者都会举办派对来庆祝这个特别的日子。活动有吃派、阅读 π 的知识以及背诵圆周率比赛等。

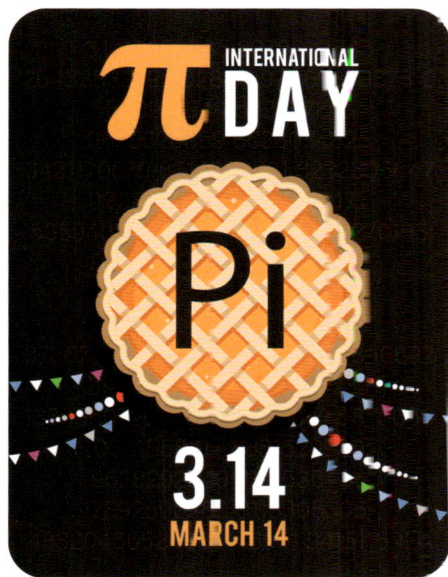

INTERNATIONAL
π DAY
Pi
3.14
MARCH 14

《周髀算经》

在我国，现存的圆周率的最早记录是2000多年前的《周髀算经》。书中记载"径一周三"，即取 π 值为3。

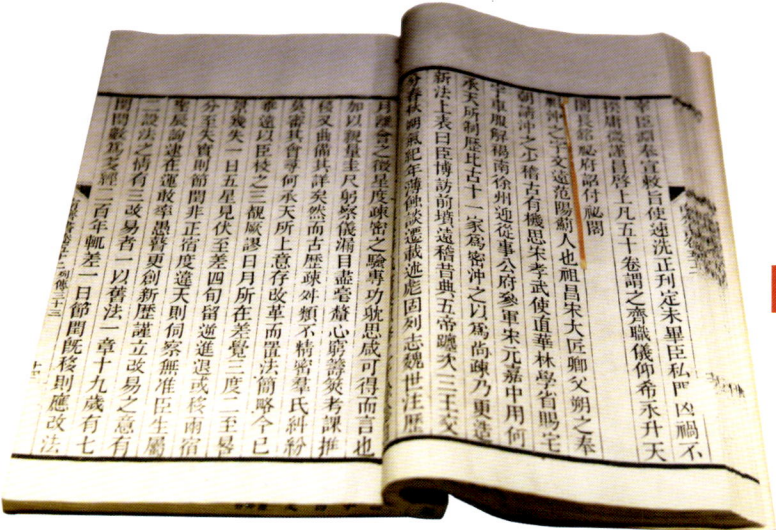

53

古代医学

古时候，人类对自己的身体并不了解，一旦患病，就会认为是有幽灵附身，因此，古时巫医不分家，巫术被人们误认为是治病救命的医术。直到公元前500年，一个名叫阿克美昂的人打破了人们的传统认知，他尽力通过专业的医学术语来表达和看待疾病，他还是第一个对人体进行医学解剖的人，医学自此诞生。

最古老的医书

古埃及的《埃伯斯》纸草卷古医书是目前世界上最古老的医书，这本书的成书时间可以追溯到公元前1550年，书中记录了700多种药物和800多种治疗方法。

医学之父

希波克拉底是古希腊最伟大的医生，他认为，应该通过对患者的观察和诊断来对症下药治疗疾病，这与今天的医学理论一脉相承，他也因此被称为"医学之父"。

麻沸散

麻沸散是由东汉时期的华佗研制出来的，它是专门用于外科手术的麻醉药，是世界上最早的麻醉剂，遗憾的是原始处方已经遗失。

重塑鼻子

在古印度，有些人会因惩罚被割掉鼻子或是身体的其他器官，印度的外科医生为了帮患者疗伤，会从患者身体其他部位移植皮肤到鼻子，并将羽毛管子放在鼻孔处帮助人呼吸，这就是人类历史上最早的整形手术。

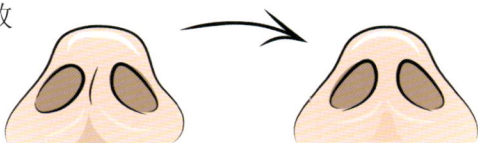

针灸针

针灸针是灸法的治疗工具，古书上称为砭石。针灸专用的针很长，可以插入身体2.5厘米以下，通过转动针头来使体内的气血畅通。针灸疗法是我国古代医学的宝贵遗产。

最早的精神病院

伦敦的伯利恒医院是最早的精神病院之一，这里从15世纪开始便收治患有精神疾病的人，并对他们进行研究和各种治疗。在这之前，精神病患者被认为是异类，会被用铁链子拴起来，根本得不到治疗。

古代船只

地球70%的面积被水覆盖着，人类在探索过程中，发现要想进行远程贸易，最便捷的方式就是通过海路，于是，船舶业在人类早期就开始蓬勃发展起来。

最早的船只

世界上最早的船只是独木舟，是把一根木头从中间挖掉一部分而制成的，用手或树枝代替船桨向前划行。在荷兰格罗宁根的庇斯发现了目前世界上最古老的北欧独木舟，据推测，这条船在公元前6300年左右就存在了。

竹筏

在原始社会，除了独木舟，筏也是人类常用的水上通行工具，它用树干、竹竿或是芦苇等绑扎在一起，在水上漂行。由于吃水浅，完全漂浮在水面上，所以筏更加平稳，而且取材方便，制作简单，直至今日，仍有很多地方使用竹筏或木筏。

推进工具

在轮船没有发明之前，船舶是靠人力来操控和推进的，主要推进工具有桨、篙和橹。目前，世界上最古老的木桨出土于中国河姆渡遗址中，这把木桨长约63厘米，宽12.2厘米，厚2.1厘米，表面有雕花纹路，大约是公元前5000年左右的物品。

"圣玛利亚"号

这艘帆船因陪伴了哥伦布的远航而闻名于世。"圣玛利亚"号是一艘有着三个桅杆和一面方形帆组成的载货船，能够容纳40个人。哥伦布船队的另外两条船名为"尼尼娜"号和"品塔"号。

轮船发明者

富尔顿是一位美国的工程师，被誉为"轮船之父"。1807年，他成功地制造了"克莱蒙特号"，这是第一艘用于定期运输的商用轮船，这艘轮船头每小时8千米的速度在哈得孙河上乘风破浪。

拉皮塔人

拉皮塔人是生活在太平洋诸岛上的波利尼西亚人的祖先，他们擅长航海，发明了独木舟、双体船等航行工具，向北到达了复活节岛，向南航行到了新西兰，他们是历史上最伟大的探险家和航海家。

经纬仪

经纬仪是一种测量仪器，现代的经纬仪分为光学经纬仪和电子经纬仪两种，最常用的是电子经纬仪。经纬仪的出现与航海有着密不可分的关系，为了绘制更加精准的海图，1730年，英国机械师西森首先发明创造了经纬仪。

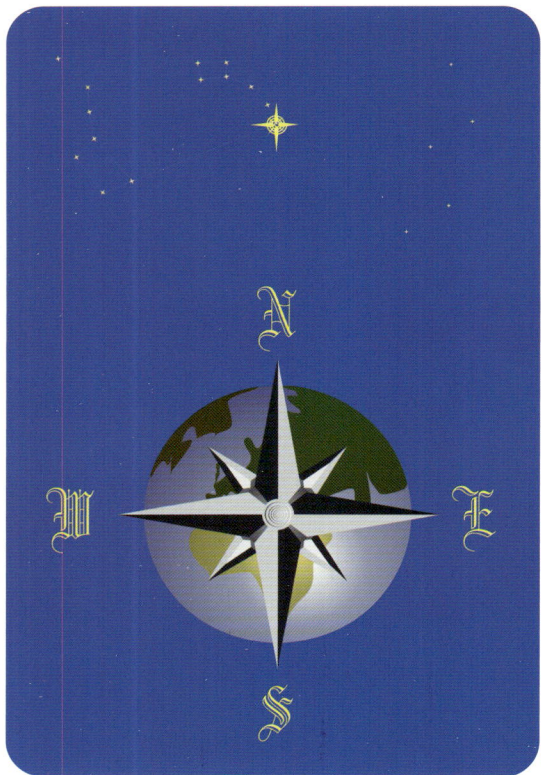

经纬

每个人所处的位置，每件物品所在的位置，只要是在地球上，它就会有一个坐标，这个坐标就是经纬度。所有的纬线自成一个圆圈，指示东西方向；所有的经线都是半圆形，指示南北方向。

认识方位

在远古时期，人们可以根据北极星的高度来判断自己所处的纬度，但由于地球在不停转动，所以没有一颗固定的星星可以对应经度，测量经度在当时几乎是不可能的。这就导致1492年哥伦布发现美洲新大陆时，行驶的是北纬28度这一条直直的航线，由于确定不了经度，所以只能沿着海岸线行驶，否则很可能会迷航。

浑天仪

浑天仪是浑象和浑仪的合称，这是中国古代天文学家用来测量天体坐标和天体间角距离的仪器，出现时间在战国中期至秦汉时期。

最早的赤道仪

最早的大赤道仪是由郭守敬于1276年制成的，它是地平经纬仪的一部分，主要用来测量赤道的经纬度，比西方早了300多年，是世界上最早的赤道仪。

赤道日晷

《仪器》

《仪器》一书是由德国的迪格斯于1571年出版的，书中首次出现了"经纬仪"这个名词，也记载了关于经纬仪最早的文字性描述，但他描述的经纬仪只是一个水平刻度盘，与现在的经纬仪大相径庭。

钉 子

　　我们现在所说的钉子主要是硬金属的，其主要作用是固定木头等物体，不管是长钉子还是短钉子，都是生活中必不可少的零件，大到居住的房屋，小到墙壁上悬挂的相框，都少不了钉子的帮忙。

▶ 最早的钉子

　　最早的钉子出现在公元前3400年，是由古埃及人制造的。那时的钉子是青铜制成的，纯手工打造，非常的昂贵。

▶ 焚烧房屋

　　在独立战争时期的美国，人们搬家前通常会把旧房子焚烧掉，以此来收集用过的旧钉子，这充分说明钉子在当时是一种稀有品，很难买到，而且价格昂贵。

▶ 榫卯

　　榫卯是两个不同的构件，在古代，凸出的部分叫作榫，凹入的部分叫作卯，榫卯的神奇之处是不需要一颗钉子，就能够让木质结构中的每一个小单元被稳稳固定住，这是我国古代建筑的精华之处。

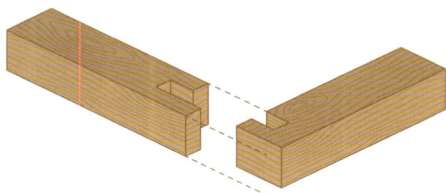

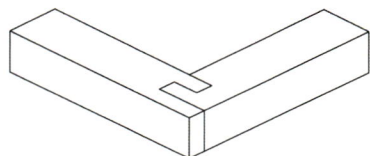

阿基米德

公元前第二世纪，阿基米德首次在连接部件上设计出了螺旋线，当时因为用在灌溉、抽水设备上，因此被叫作水螺丝，而阿基米德也因此被称为"螺丝之父"。1774年，螺丝刀被发明出来，拧螺丝有了更专业的工具。

应县木塔

位于山西省的应县木塔是全世界最高、最古老的纯木质结构佛塔。全塔耗材红木木料2600吨，无钉无铆，纯榫卯结构。木塔建于辽代，距今已有将近千年的历史。

鲁班

鲁班也叫公输班，是春秋时期鲁国人，他虽然没有发明钉子，却发明了很多手工工具，如锯子、钻、刨子、铲子、曲尺、墨斗等。相传，榫卯结构也是鲁班根据前人经验，引入家具制作中的。

发现时代

公元16世纪至17世纪，随着欧洲文艺复兴、宗教改革及地理大发现的蓬勃发展，欧洲人的视野被逐渐打开，西方学者紧紧抓住了这次机会，创造了改变人类历史的近代科学，从宇宙、医学到人类起源，科学家们都有了全新的认识，这就是人类科学史上的发现时代。

解剖学

　　对人体的透彻了解是治病的前提条件，要想充分了解人体，对人体施行解剖是必经之路。但受宗教阻碍，人体解剖工作长时间停滞不前，直到一个人的出现，这个人就是安德烈亚斯·维萨留斯，他抛开以往对解剖学的错误认知，首次将人体解剖学上升为一门独立学科。

▶ 亚里士多德

　　亚里士多德不仅是伟大的哲学家、科学家、教育家和思想家，他还对生物学、生理学和比较解剖学有过深入的研究。他对解剖知识的了解，源于对动物身体的解剖和观察，这对现代解剖学产生了巨大影响。

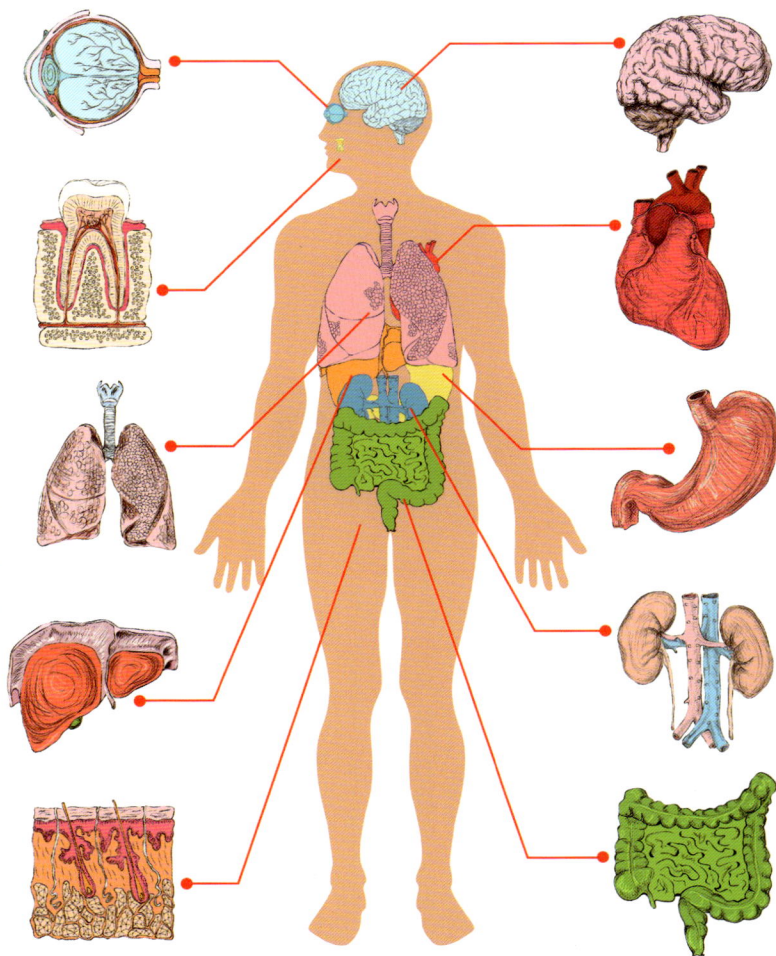

▶ 《人体结构》

　　维萨留斯对他的人体解剖实验进行了全面的观察和记录，于16世纪撰写出了《人体结构》一书，此书最先向人们展示了人体功能和器官的相关知识。

达·芬奇

达·芬奇是世界上最优秀的人体解剖学画家之一，他通过对解剖尸体的仔细观察，绘制出了精确的人体结构图，供学生和其他研究人员使用。

威廉·哈维

英国医生威廉·哈维是世界上第一位阐明心脏泵血功能的人。他认为血液从心脏出发，经动脉流遍全身，最后从静脉流回心脏。

温度计

1593年，伽利略发明了人类历史上第一支温度计，这支温度计是圆球状的，里面填充着一定量的有色液体，当温度上升或降低时，液面会随之发生变化。

《灵枢·经水》

在中国，"解剖"一词最早出现于战国时期的《灵枢·经水》一书中。中国历史上第一次公开的人体解剖活动是公元16年，王莽对其政敌翟义的一位下属实施的一次极刑，此人名叫王庆孙，为中国历史贡献了首次活体解剖。

日心说

在远古时期，人们认为地球是宇宙的中心，月亮、太阳以及其他天体都是围绕地球转动的。直到16世纪，波兰天文学家哥白尼提出，太阳是宇宙的中心，即"日心说"。

阿利斯塔克

阿利斯塔克是古希腊第一位著名的天文学家，他认为，地球每天都在自己的轴上自转，每年会沿着固定轨道绕日一周，太阳是不动的，所有行星会绕日运转，这是最早期的日心说，可见，阿利斯塔克是最早提出日心说的人。

《天体运行论》

1543年，哥白尼的《天体运行论》出版，这本书中论述了太阳位于宇宙的中心，地球和其他行星都是围绕太阳做圆周运动，同时阐述了地球的自转问题，正式提出了日心说。

太阳系仪

1710年，苏格兰的钟表匠乔治·格雷厄姆制作了历史上第一个展示行星运行方式的仪表，即太阳系仪。

太阳系

太阳是一颗中等大小的恒星，它的寿命约有100亿年，现在的太阳正处于壮年期。宇宙中，包括地球在内的8颗行星沿着椭圆形的轨道，朝着同一个方向绕日公转。太阳、八大行星及其卫星，加上矮行星和诸多小行星，构成了太阳系。

开普勒

开普勒是德国著名的天文学家，他推翻了哥白尼的行星是按圆形轨道运行的这一观点，提出了行星运行轨道是椭圆形的，而且运行中，存在着离太阳近时的远焦点和离太阳远时的近焦点，即"开普勒行星运动第一定律"。

太阳黑子

太阳光球表面上的暗黑斑点被称为太阳黑子，它们时多时少。人们把黑子出现少的期间称为"太阳活动谷年"，把太阳黑子大量出现的期间称为"太阳活动峰年"。

望远镜问世

荷兰眼镜匠汉斯·李普希在配眼镜时偶然发现，把两个眼镜片排开一段距离，透过它们观察远处的物体时，物体被拉近且放大了。基于此，他在1608年制造了首架望远镜，此发明被荷兰政府用于军事行动。

伽利略

伽利略根据李普希的发现，制造了世界上第一架天文望远镜。1610年，他通过望远镜观察到围绕木星运行的4颗小卫星。后来，人们将这4颗小卫星命名为"伽利略卫星"，以此来纪念他的伟大发现。

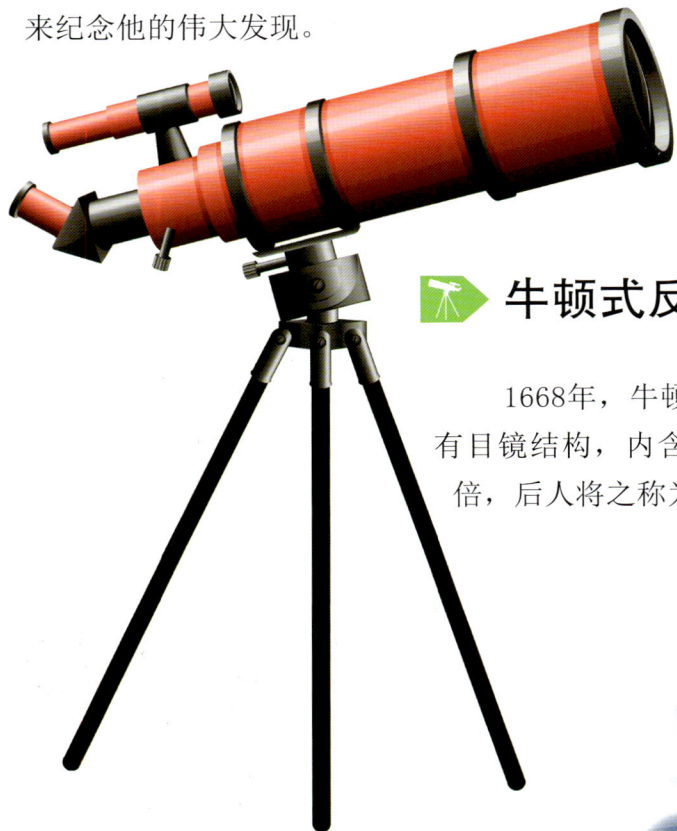

牛顿式反射望远镜

1668年，牛顿设计制造出了一架特别的望远镜，这架望远镜具有目镜结构，内含一块直径3.3厘米的反射镜，可以将物体放大40倍，后人将之称为牛顿式反射望远镜。

最大折射式天文望远镜

世界上最大的折射式天文望远镜于1897年建造完成，坐落在美国芝加哥附近的耶基斯天文台，这架望远镜的透镜直径达到了1米。

哈勃太空望远镜

哈勃太空望远镜并不是哈勃制造的，而是为了纪念美国天文学家爱德文·哈勃而用其名字命名的。这架望远镜由美国国会于1977年提出建造，1985年完成，1990年由"发现"号航天飞机运载至太空。

天眼

位于贵州省黔南地区的FAST是目前世界上最大的单口径望远镜，全称为"500米口径球冠状主动反射面射电望远镜"，也被称为"天眼"。它不仅在尺寸规模上创造了单口径射电望远镜的世界纪录，而且在综合性能及灵敏度上也处于世界领先地位。

徐光启

徐光启是明朝末年著名的科学家，是他第一个把西方的天文知识介绍到中国，可以说他是近代天文学的先驱者。1631年，徐光启使用望远镜观察日食，也因此成为中国最早使用望远镜观察天体的科学家。

显微镜问世

在望远镜和显微镜发明之前，人们局限地认为世界只是人类肉眼所见的事与物，既没有广阔无垠的宇宙也没有触摸不到的微生物。望远镜的出现拉开了人类探索宇宙的序幕，而在显微镜下，神奇有趣的微观世界一一呈现。

最早的显微镜

最早的显微镜只是由两片透镜简易叠加而成的，它的发明者或许是荷兰眼镜商亚斯·詹森，或许是荷兰科学家汉斯·李普希，不论是他们中的哪一个人，也仅是做出了最早的显微镜，并没有用显微镜来观察过世界。

列文虎克

列文虎克是一位荷兰的学者，他在磨制透镜方面颇有天赋，他一生中磨制了400多个透镜，其中一个放大率高达300倍，列文虎克用它首次发现了微生物，最早发现了红细胞的存在。

电子显微镜

1931年，德国物理学家恩斯特·鲁卡斯研制成功了第一台电子显微镜，这使得科研工作者能够观察到像百万分之一毫米那么小的物体，由此掀起了一场生物学上的重大变革。

伽利略

伽利略虽然不是显微镜的发明者，但他却是第一个使用显微镜观察物体的人。他用显微镜首次看到了蜻蜓的复眼。

透镜

透镜可以分为凸透镜和凹透镜两种。表面向外突出，中间厚，边缘薄，称为凸透镜，通过凸透镜看物体时，看到的比实际物体大；中间薄，边缘圆且厚，称为凹透镜，通过凹透镜看物体时，看到的比实际物体小。

最大倍数显微镜

目前，世界上最大倍数的显微镜是扫描隧道电子显微镜，此显微镜的放大率高达一亿倍，自1981年被发明后就备受科学界追捧。

牛顿定律

牛顿是英国最伟大的科学家之一，也是17世纪人类历史上出现的具有开创性的科学家。他指出所有物体的运动都遵从三大运动定律，即牛顿运动定律，也称牛顿定律。

光谱学

1666年，牛顿发现，透过一个简单的三棱镜可以将普通的白色光线分解为红、橙、黄、绿、青、靛、紫七色光带，此时透过另外一个三棱镜，可以把七色光合成白光，这个实验标志着光谱学的诞生。

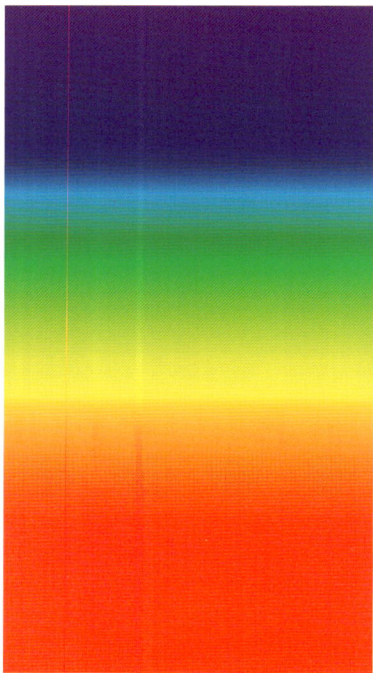

比萨斜塔

比萨斜塔的出名不仅是因为它是中古世界七大建筑奇迹之一，也因为伽利略在此进行了著名的自由落体实验。他发现，不管物体的质量如何，它们下落的速度都是一样的。这与牛顿定律一样，都是17世纪的伟大力学发现。

《自然哲学的数学原理》

1687年，牛顿的《自然哲学的数学原理》一书出版，这本书被认为是科学史上最伟大的著作，其对力学的阐述，为之后300多年的力学研究奠定了基础。

气压计

托里切利是意大利著名的物理学家，他曾担任过伽利略的助手，在实验中他首次制造出了真空状态，并由此发明了水银气压计，这是17世纪的一项重大发明。

世界三大数学家

牛顿的贡献不仅在物理学和光学上，他还创立了微积分，获得了数学上的伟大成就，并与阿基米德和高斯并称为世界三大数学家。

八大行星

所谓八大行星，是指太阳系的八大行星，它们由内而外分别是：水星、金星、地球、火星、木星、土星、天王星、海王星。水星是距离太阳最近的行星，而海王星离太阳最远。

行星巨人

木星是八大行星中体积最大的一颗，如果把木星看作一个圆球形，则需要1400颗地球才能将其填满，因此它被称为"行星巨人"。

最晚发现

八大行星并不是同时被发现的，最初，人们认为太阳系只有除了天王星和海王星之外的六大行星，随着强力天文望远镜的发明，1781年发现了天王星，1846年发现了海王星，也就是海王星是八大行星中最晚被发现的。

"金凤花"行星

童话故事《金凤花姑娘》中，小女孩选择了一碗不冷也不热的粥，这与地球距离太阳不远也不近的距离，以及不太热也不太冷的气候条件正相符，因此地球也被别称为"金凤花"行星。

第二家园

火星是唯一一颗和地球一样拥有大气和水的星球，虽然它的水是以冰冻的固体状态存在的，但就人类生存必需品这一项来看，只有火星，可以成为人类生存的第二家园。

卫星最多的行星

迄今为止，木星的周围已经发现了79颗卫星，而土星则拥有82颗卫星，所以，土星是拥有卫星数量最多的行星。

公转周期

八大行星都在椭圆形轨道上绕日公转，离太阳越远公转周期则越长。离太阳最近的水星公转周期为88天，金星为225天，我们生存的地球是365天，最远的海王星绕日一周则需要165年。

脉冲星

脉冲星是中子星的一种，具有强磁场且能快速转动，它是在1967年，被乔斯琳·贝尔·伯奈尔首次发现的。脉冲星、类星体、宇宙微波背景辐射和星际有机分子并称为20世纪60年代天文学的"四大发现"。

中子星

一颗恒星将自身的可燃元素全部燃烧殆尽时，会因自身引力而向内塌缩。如果恒星的质量是太阳质量的8—30倍，它就会变成中子星，大于太阳的30倍，则会成为黑洞；如果恒星的质量较小，像太阳这样，则会变成白矮星，更小的则会变成黑矮星。

太阳的命运

在宇宙中，有很多很多颗恒星，太阳只是非常普通的一颗，所有恒星都有燃尽的一天，太阳的寿命大约有100亿年，现在的太阳处于青壮年时期，还有约50—60亿年的岁月，当太阳燃尽后，会塌缩成一颗白矮星。

天眼的发现

位于我国贵州的射电望远镜"中国天眼"，目前已经发现300多颗脉冲星，其中有90多颗已经被确认为新发现的脉冲星。

有多少

科学家们估算，宇宙中可观测的脉冲星大概有70000个，但已被发现的仅有2700多个，占总数的3%。

宇宙之最

脉冲星是宇宙中已知密度最高、磁场最强、自转最快的天体。它自转的周期用秒或毫秒来计算，我们站在星空下，是无法观察到脉冲星的，必须借助天文望远镜。

第一颗脉冲星

PSR1919+21是人类发现的第一颗脉冲星，其中PSR为脉冲星的英文缩写，1919+21是它的经纬坐标，它位于狐狸座方向，旋转周期约为1.33秒。

哈雷彗星

彗星在古时候被称为扫把星，它是围绕太阳运行的一种天体，它们绝大多数都很小，要么观测不到，要么需要用天文望远镜才能观察到。哈雷彗星是彗星中体积较大的，可以直接用肉眼观察到，英国天文学家埃德蒙·哈雷是第一个测定其轨道数据并成功算出其回归时间的人，为纪念他将此彗星命名为哈雷彗星。

《春秋》

在我国的古书《春秋》中，有这样一段记载：鲁文公十四年，秋七月，有星孛入于北斗。这里的星孛就是指哈雷彗星，这也是世界上关于哈雷彗星的最早文字记录。

彗星

彗星主要由三部分构成，即彗头、彗发和彗尾。彗头也就是彗核，是由冰物质组成的固体；当彗星接近太阳时，受热升华出的一团围绕在彗核周围的朦胧物质就是彗发；彗尾就是拖在彗星后面的长尾巴，彗星也因这条长尾巴而被称作"扫把星"。

周期

彗星分为周期彗星和非周期彗星，非周期彗星出现一次后就不会再回来了，而周期彗星则会再次出现，哈雷彗星就是周期彗星中的一颗，它的周期约为76年。上一次它造访地球的时间是1986年，预计2061年前后将重访地球。

小天体

在太阳系中，除了8颗行星和它们的卫星，还有数以亿计的小天体，这些太阳系中的小天体包括小行星、彗星、星际物质和柯伊伯带小天体。

尾巴最多的彗星

1744年3月光临地球的"德切孛"彗星是尾巴最多的彗星，它拖着至少6条又宽又亮的彗尾划过夜空，至今还没有彗星的尾巴多过它。

最大天体

太阳系内最大的天体不是太阳，而是一颗名为"17P Holmes"的彗星，它的彗发最大直径达到了140万千米，短时内超过了太阳。

哈勃定律

爱德文·哈勃是美国著名的天文学家，通过他的观测发现，河外星系的视向退行速度V与距离D成正比，即星系与我们距离越远，它的退行速度越大，这个速度与距离的关系就是著名的哈勃定律，其本质是宇宙是不断膨胀的。

▶ 河外星系

河外星系是指在银河系以外，由大量恒星组成的星系，由于距离遥远，河外星系都呈现模糊的光点，也被称为"河外星云"。哈勃是首位发现河外星系的科学家，是银河外天文学的奠基人。

▶ 直接观测

站在地球上，能够用肉眼直接观测到的河外星系有4个，其中，北半球最容易看到的是仙女座星系和三角座星系，南半球则能看到大麦哲伦星云和小麦哲伦星云。

▶ 银河系

银河系是由1000亿—4000亿颗恒星、大量星团、星云及星际物质组成的巨大星系。与太阳系相比，它很大很大，但与宇宙相比，它则相当渺小。

冻僵的哈勃

20世纪20年代，天文观测条件是很简陋的，哈勃整夜待在观测室里，陪伴他的只有一架陈旧的2.5米口径的天文望远镜，同伴们甚至调侃哈勃像一只被冻僵的猴子。但功夫不负有心人，9年后，哈勃获得了40多个星系的光谱，提出了惊世的哈勃定律。

造父变星

造父变星是变星的一种，可以测量星际和星系际的距离，被称为宇宙间的"量天尺"，通过它，可以测算出宇宙的膨胀率。"双子座泽塔"是迄今发现的最亮的造父变星之一，它距离地球约1000光年。

哈勃常数

哈勃常数是用来计算宇宙随时间膨胀的速度。据最新的科研表明，新的数值是每326万光年范围内，宇宙每秒约膨胀74.02千米。

星 座

　　古时候的人们，为了在夜空中标记自己的位置，会寻找恒星组成的图案，这是最早的星座。在星座中，星星之间的距离只是看上去很近，其实是很遥远的。古巴比伦人和古埃及人用神话中的角色给星座命名，并沿用至今。

▶ 88星座

　　在北半球的星空中，天文学家把最亮的星星组合在一起，划分出了88个星座，并一一命名，这些星座也被称为星群。除了构成星座的群星外，夜空中还有无数颗星星。

▶ 黄道十二宫

　　希腊天文学家希巴克斯为标示太阳在黄道上观行的位置，将黄道带分为十二个区段，从0°开始，每30°为一宫，以各宫内主要星座来命名，依次是白羊、金牛、双子、巨蟹、狮子、处女、天秤、天蝎、人马、摩羯、宝瓶、双鱼，称为黄道十二宫。

▶ 二十八星宿

　　西方天文学将夜空中的星星划为星座，我国天文学则将其称为星宿。古代时为了观测天象及日、月、星辰的运行，选取二十八个星官作为观测的标志，称为"二十八星宿"。

最大星座

在全天的88个星座中，长蛇座是长度最长、面积最大的星座，它横跨1/4天际，蜿蜒于巨蟹、狮子、室女、天秤等星座以南，在我国，观测长蛇座的最佳月份是4月。

托勒密星座

克罗狄斯·托勒密是希腊著名的天文学家和数学家，他在公元2世纪撰写了一本《占星四书》，首次列出了48个星座，如巨蟹座、狮子座、宝瓶座、仙女座、乌鸦座等，一直被沿用至今。

北斗七星

88星座中的大熊座，拥有全天最著名的星象——北斗七星。在史前，人们常使用北斗七星来指引方向，通过北斗七星中的指极星可以找到北极星，北极星指示着北方，它是夜空中识别方向的最好标志。

地动仪

地动仪是我国东汉时期的科学家张衡制造的，它是利用力学原理制成的世界上第一架测验地震的仪器。通过它，不仅可以知道有没有发生地震，还能知道地震的大概方位。

《灵宪》

《灵宪》是张衡所写的天文学著作，书中记录了2500颗恒星，还绘出了我国第一张完备的星图，并首次使用了赤道、黄道、北极和南极等专属名词。

地震

地震是由地球上的各个板块之间相互碰撞挤压引起的，据统计，地球上每天都会发生上万次的地震，有些震级太小，人类感觉不到，能够给人类社会造成危害的地震并不常见。地震仪器只能监测地震，并不能预测地震的到来。

地震仪之父

1880年，英国地理学家约翰·米尔恩发明了第一台精确的地震仪，他也因此被称为"地震仪之父"，今天的绝大多数地震仪仍是按照他发明的地震仪原理进行制造的。

儿童科学历史百科全书

最大地震

人类历史上的最大地震发生在1960年5月21日，震区在智利，震级高达9.5级，波及范围有40万平方千米，也就是智利全国都是震中地区，导致200万人无家可归，数万人遇难。

气象仪

地震并不能通过地动仪来预测，但天气却可以通过气象仪预测。第一台气象仪出现于17世纪的意大利，这台仪器最初并没有用来预测天气，而只是用来记录温度变化、气压波动和风速的变化。

混凝土

1755年，发生在里斯本的地震导致这个城市85%的建筑物被毁，这使得科学家开始考虑，能否发明一种具有更好黏结性的建筑材料，以提高建筑物的稳固程度。于是，最早的混凝土——水硬混凝土便应运而生了。

进化论

　　18世纪后期，物种进化的思想已经出现，但并未得到大众的广泛接受。直到1859年达尔文《物种起源》一书的出版，物竞天择、适者生存的进化论思想才成为公论，并逐渐开始被大众所接受。

▶ 拉马克

　　拉马克是法国的博物学家，他是最早提出生物进化学说的人，是进化论的奠基人和先驱者。达尔文在《物种起源》中曾多次提到拉马克的著作，可见先驱者的作用多么重大。

▶ 加拉帕戈斯群岛

　　加拉帕戈斯群岛位于太平洋东部，现名科隆群岛。达尔文曾在岛上工作过一个多月，并在其中一个不知名的小岛上发现了"达尔文雀"，人们为了纪念这一发现，将这个岛屿命名为"达尔文岛"。

▶ 自然科学三大发现

　　施莱登和施旺的细胞学说、能量守恒和转化定律以及达尔文的生物进化论，被恩格斯誉为是19世纪自然科学的三大发现。

达尔文的斗犬

达尔文虽然创立了进化论学说，但他没有积极地宣传，相比较而言，被称为"达尔文的斗犬"的赫胥黎反而起到了广泛传播的作用。赫胥黎的《进化论与伦理学》还被大学者严复译成《天演论》，成为我国近代的思想启蒙之作。

《小猎犬号航海记》

1831年，达尔文乘坐"小猎犬号"军舰开始了历时五年的科学考察之旅，这次考察被称为人类历史上最重要的航海考察之一，根据此次行程写出的《小猎犬号航海记》，也为《物种起源》的创作奠定了基础。

物种总量

根据科研工作者的统计，目前全球物种总数超过870万种，已被辨识出且被命名的约为125万种。

化石

远古时期生物死亡后，遗体被泥沙掩埋起来，当肌肉、表皮等有机物被分解完后，剩下的被石化的部分就是化石，形成化石通常要经过上亿年的时间。

恐龙

"恐龙"一词源于希腊语，意思是"恐怖蜥蜴"，最早为恐龙命名的是英国化石收藏家查德·欧文。但最早发现恐龙化石的人是法国学者乔治·居维叶，他还首创了化石分类工作。

琥珀

琥珀也是化石的一种，它是某些树木的树脂化石。当树上的树脂滴落下来埋在土里，千万年后就形成了树脂化石，一般树脂化石里会有昆虫、动植物碎屑及小气泡等。

测定年代

化石出土后，科学家通过碳-14来测定它存在的年代。这种技术是由美国科学家威拉德·利比在实验中发现的，利比也因这一重大发现而获得了1960年的诺贝尔化学奖。

最大的恐龙化石

在阿根廷发现的雷龙化石，是迄今为止出土的最大的恐龙化石，这只雷龙重达17万磅，基本上跟14头非洲象的重量相同。

最古老的化石

2016年，在格陵兰岛的岩石中发现了距今约37亿年的化石微生物，并将其命名为叠层石，它是目前地球上已知最古老的化石。

粪便化石

远古时期，某些肉食动物吞食了其他小动物，消化不掉的骨骼会随着粪便排出而形成粪便化石，这种化石是除了牙齿化石和骨骼化石外，较为常见的化石之一。

光合作用

　　光合作用是绿色植物通过太阳光，吸收二氧化碳且释放氧气的过程。它为人类提供了氧气，为植物提供了生长的养分，且能净化空气，改善环境，维持大气的碳氧平衡。

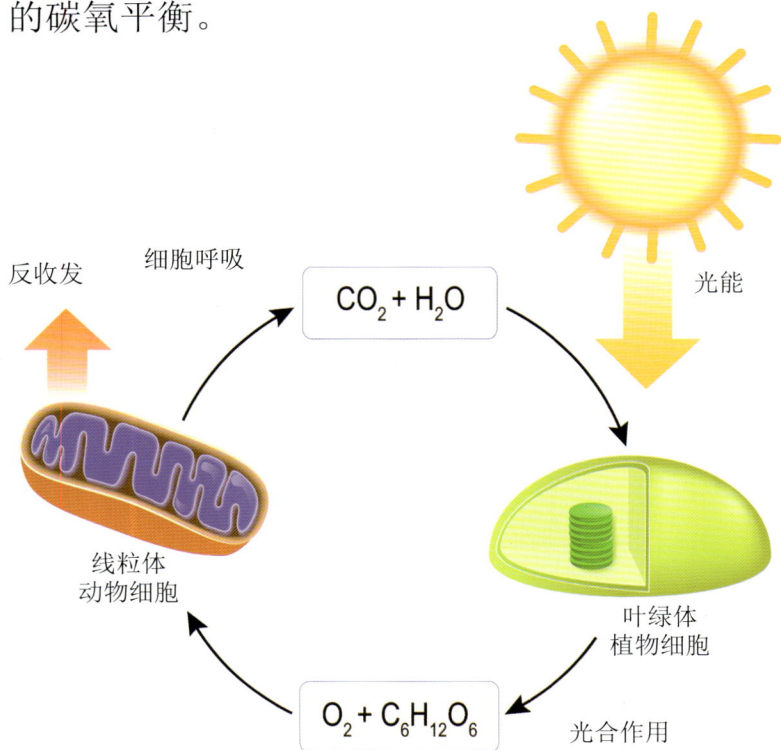

反收发　　细胞呼吸

光能

$CO_2 + H_2O$

线粒体
动物细胞

叶绿体
植物细胞

$O_2 + C_6H_{12}O_6$　　光合作用

🔭 光合作用年

　　1771年，英国科学家普里斯特利通过一个著名的实验，发现植物能够更新空气，虽然他不知道这是光合作用，但他确实是第一个发现光合作用的人，1771年因此被称为光合作用发现年。

🔭 叶绿体

　　绿色植物的细胞中有一个叫叶绿体的特殊细胞器，它与太阳光反应便能发生光合作用。高等植物中，如高大的树木，每个细胞含有30—500个不等的叶绿体，藻类植物中，每个细胞仅含有1个或几个叶绿体。

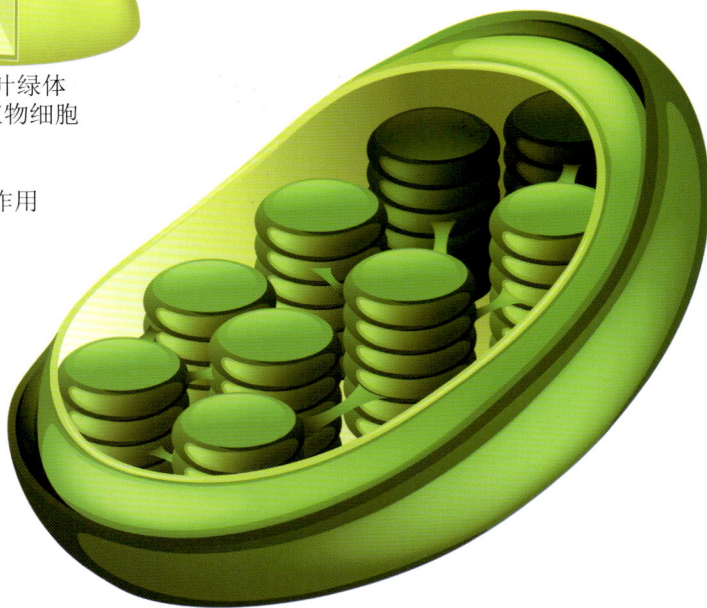

🔭 养分加工厂

　　通过光合作用，地球上的绿色植物每年大约能将1500亿吨二氧化碳和600亿吨水转化成1000亿吨生物生长必需的有机物和1000亿吨氧气。在阳光的普照下，绿色植物就像地球的养分加工厂。

由绿转黄

　　春夏季节，天气温暖，植物中的叶绿素更新速度快，树叶能始终保持绿色。秋季天气渐冷，植物中的叶绿素更新速度减缓，所以绿色褪去，慢慢变成黄色。由此可见，叶绿素不仅能进行光合作用，还控制着叶片的颜色。

腐生植物

　　这是一类特殊的植物，它们不需要光合作用，通过分解腐烂植物就可以获得生长必需的营养，如天麻、珊瑚兰、水晶兰等。

地球之肺

　　热带雨林被称为"地球之肺"，是因为雨林植物通过光合作用所产生的净化作用是非常强大的，仅亚马孙雨林产生的氧气就占全球氧气总量的1/3，是不折不扣的地球之肺。

细 胞

细胞是构成生物体的基本单位，人类、动物、植物，甚至是微生物及细菌都是由细胞构成的。其中，人类、动物和植物属于多细胞生物，微生物和细菌则属于单细胞生物。

发现

细胞是由英国科学家罗伯特·胡克于1665年首次发现的，胡克在用显微镜观察软木切片时，首次发现了其中的蜂窝状组织，并给组织中的蜂房取名为"细胞"。

寿命

细胞是有寿命的，一般来说，人体98%的组织细胞在半年内会更新一次，具体为红细胞4个月，白细胞13—20天，肝脏细胞5个月，肺细胞2—3周，皮肤细胞28天。但有一个器官的细胞是与我们的寿命相同的，即大脑细胞，也就是说，在人体寿命终止前，大脑细胞是不会更新的。

人体最大细胞

人体卵细胞呈圆形，直径在十分之一毫米左右，在人体细胞中，它是最大的，但肉眼看不到，需要在显微镜下观察。

细胞"巨人"

在生物界中，苎麻茎的韧皮纤维细胞是最大的细胞，最长能超过半米，堪称植物细胞中的"巨人"。

病毒不是细胞

病毒是一种个体微小，结构简单的生命体，但它却不是细胞，它必须进入细胞后，才可以繁殖，如果离开细胞这个宿主，病毒则是没有危害性的。

细胞学说

1838年，德国植物学家施莱登发表了论文《植物发生论》，他指出，无论怎样复杂的植物体，都是由细胞构成的。1839年，动物学家施旺将细胞学说引入动物界，标志着这一学说正式确立。

DNA

DNA即脱氧核糖核酸，是细胞核内的一种有机化合物，它是染色体的一个成分，具有储藏遗传信息的功能。最早分离出DNA的人是瑞士医生弗雷德里希·米歇尔，他虽然观察到了这种物质，却不知道它是什么，只将其称为"核素"。

双螺旋

1953年，英国生物学家弗朗西斯·克里克和美国遗传学家詹姆斯·沃森共同提出了DNA双螺旋结构理论，他们也因此获得了1962年的诺贝尔生理学或医学奖。

染色体

染色体存在于细胞核内，它主要是由DNA和蛋白质构成的。人类有23对染色体，其中22对是常染色体，1对为性染色体，分别是X染色体和Y染色体。女性的性染色体是XX，男性的性染色体为XY。

基因说

人体内有很多DNA，但有效的DNA片段却很少，能够表达出来的、有效的DNA片段就是基因，基因以前被称为"遗传因子"。美国科学家托马斯·摩尔根创立了基因学说，也因此被誉为遗传学之父。

克隆羊多利

多利是世界上第一只用无性繁殖克隆出来的小羊，它没有父亲，但有三位母亲，这三位母亲分别提供了基因、受精卵和子宫。多利生于1996年，死于2003年，寿命不到7年，比普通绵羊的寿命少了5—7年。

最古老的DNA

科学家从西伯利亚的永冻土中挖掘到猛犸象象牙，并从象牙中成功提取DNA，这组DNA可以追溯到165万年前，是目前最古老的DNA。

近亲

科学实验发现，人类的DNA与香蕉的DNA约有50%是重合的，相似度虽然很高，但这些与香蕉类似的基因并不决定人类的外形或者智商，但从另一个角度看，香蕉也确实是人类的近亲。

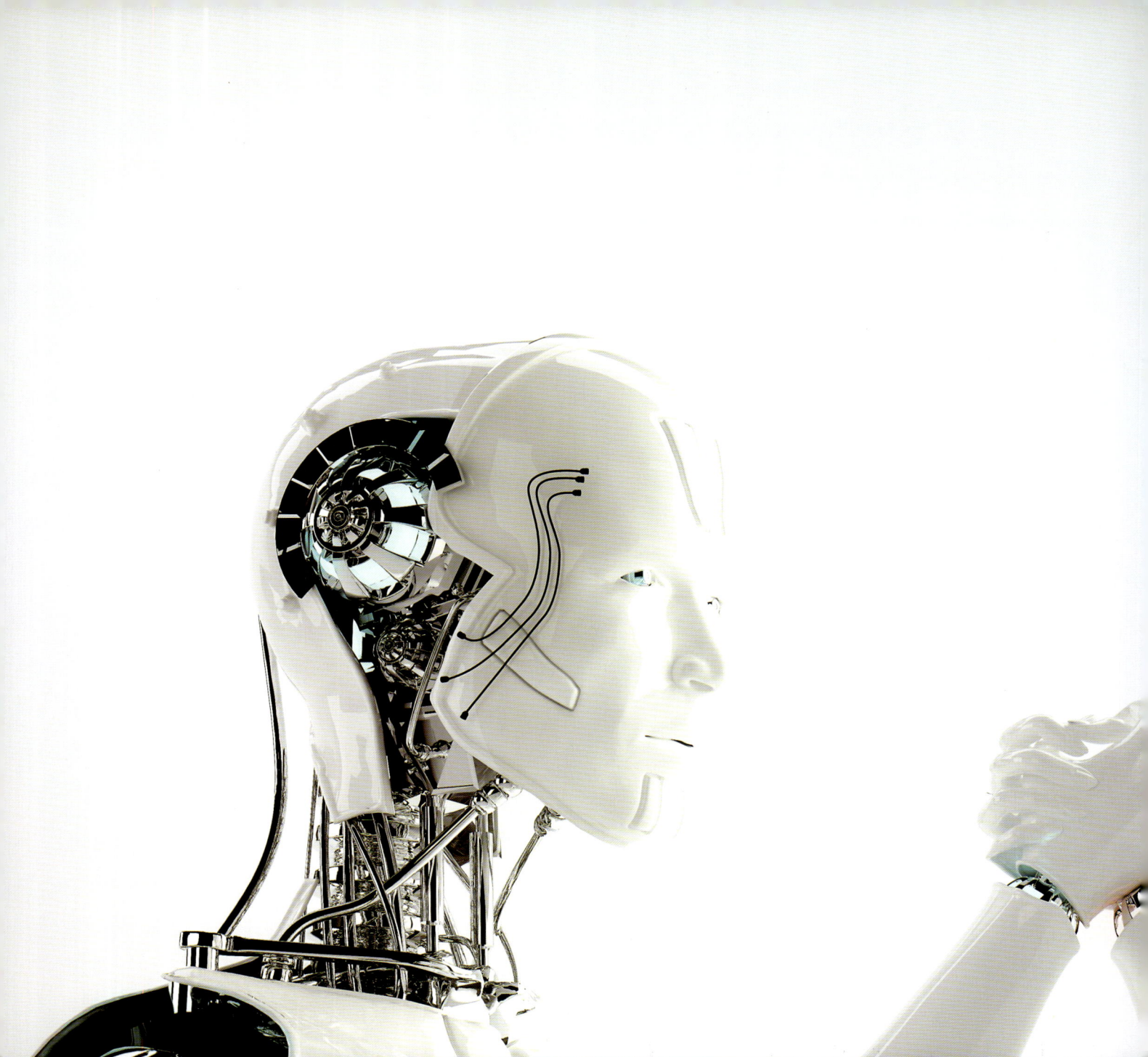

崛起时代

18、19世纪是两个科学飞速发展的光辉世纪，18世纪的英国工业革命和法国大革命，既带动了实用科学的大踏步前进，又促使近代的科学精神广泛传播，科学推动生产力再也不是一句空口号，事实证明，谁拥有先进的科技，谁就能处于世界领先地位。

枪械

枪械主要是指利用火药的燃气能量来发射子弹的射击武器，相比火炮而言，它的口径比较细小，基本都在20毫米以内。枪械主要用于战争、狩猎或是运动竞赛等。

▶ 最早的枪

最早的枪是中国人发明的，它以黑火药来发射子弹，竹管作为枪管的突火枪。这种枪的枪管并不结实，通常火药爆炸时竹管就会爆裂，射程约为230米左右，但并不精准，几乎没有什么攻击性，但它是后面所有枪械的雏形。

▶ 三个火枪手

1622年，法国国王路易十三创立了一支私人卫队，即火枪手卫队，这支卫队使用的武器是火枪，最初是火绳枪，后期替换为燧发枪。大仲马的小说《三个火枪手》就是根据这段历史创作的。

▶ 射程最远的枪

世界上射程最远的枪是美国产的CheyTac M-200狙击步枪，它可以在2286米的距离打中立着的硬币，是枪械中射程最远的枪，也是2千米以上精准度最高的枪。

自动武器之父

美国工程师海勒姆·史蒂文斯·马克西姆（亦译马克沁）是世界上第一支自动机枪的发明人。1884年，他制造出一支每分钟能连续发射600发子弹的全自动机枪，这开启了自动化武器的新纪元，他也因此被称为"自动武器之父"。

无声枪

无声枪并非一点声音都没有，而是声音非常微弱，一般不会因枪响而引起他人的注意，所以也称微声枪。1908年，美国发明家海勒姆·帕西·马克西姆发明了世界上第一个枪用消音器，第一支无声枪也随之诞生。

射击

1896年，第一届奥运会将射击正式列为比赛项目。我国第一位在奥运会上获得射击冠军的人是许海峰，他在1984年的洛杉矶奥运会上夺得男子手枪60发慢射冠军，这是中国第一枚射击金牌，也是中国奥运会史上第一枚金牌。

火 炮

相比较枪械而言，火炮的口径都大于20毫米，它主要由炮身和炮架构成，由于火炮较为沉重，一般不作为移动式武器，早期仅被用来攻城。

约翰二世

1460年，苏格兰国王约翰二世在点燃火炮时被炸得灰飞烟灭，他绝不是历史上第一位因火炮爆炸而死于非命的人，这足以见得在火炮的发展史上，施放火炮者要面临的危险，一点儿也不比目标物所受到的威胁小。

最早的火炮

中国不仅发明了黑火药，而且是最早发明火炮的国家。据记载，我国南宋时期，军队中开始使用火石炮，也叫霹雳炮。这是历史上关于火炮的最早记载。

口径最大的炮

世界上口径最大的炮建造于16世纪，长5.34米，重达18吨，口径有890毫米，被称为"炮中之王"，目前被陈列在莫斯科的克里姆林宫中。

炮台

炮台是随着火炮的发展而出现的一种战时工事，它既可以作为火炮的台基，又是重要的防御要塞。在我国历史上，最重要的两座炮台是天津的大沽口炮台和广东的虎门炮台。

射程最远的炮

世界上射程最远的炮是第一次世界大战期间德军使用过的"巴黎大炮"。这种大炮身管长36米，系统重达375吨，最大射程约为131千米，是当时射程最远大炮的10倍还多。

地道

地道是一种防御工事，主要是为了躲避炸弹和炮火的轰击。我国在抗日战争时期，将地道战战法发挥到了极致，既可以防御炮火，又可以突击敌人。

蒸汽机

在蒸汽动力发明之前，人们都是靠风力、水力或是人力来产生动力的，相比较纯粹的人力而言，风力和水力确实先进了不少，但仍存在很多不确定的因素，这在一定程度上妨碍了生产力的发展。

纽可门发动机

1705年，英国工程师纽可门发明了第一台投入使用的蒸汽发动机，这台蒸汽发动机通过推动活塞上下移动来从矿井中抽水。但它存在着很多弊端，这就促使瓦特开始研究更加实用的蒸汽机。

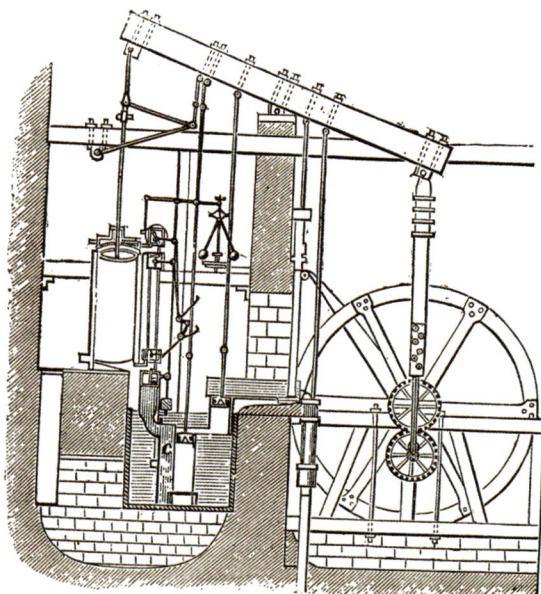

蒸汽大王

1784年，詹姆斯·瓦特在纽可门蒸汽机的基础上，改进创新出了一种新式的蒸汽机。这种蒸汽机更加节约耗煤量，而且运动速度大幅提高。此后，瓦特不断改进蒸汽机，使其日趋完善，他也因此获得了"蒸汽大王"的美誉。

子承父业

瓦特的儿子小詹姆斯·瓦特也是一位发明家，他为远洋蒸汽船"卡列多尼亚号"设计制造了船用蒸汽机，这艘轮船首航时引起了英格兰举国上下的欢腾。

儿童科学历史百科全书

第一艘载人蒸汽船

1807年，美国人罗伯特·富尔顿成功制造出世界上第一艘载人蒸汽船。这艘船沿着哈德逊河行驶，将奥尔巴尼亚到纽约的240千米路程由原来的4天缩短成1天，大大便利了人们出行。

布鲁克

1814年，英国工程师斯蒂芬森设计制造出了世界上第一个蒸汽机火车头。这个大家伙重约5吨，车头上安装着一个可以利用惯性帮助机车运动的巨大飞轮，斯蒂芬森给这个蒸汽火车头取名为"布鲁克"。

马力

马力是一个古老的功率单位，它是由瓦特提出来的。在当时，一匹马能够在1分钟之内将453千克重的物体抬升10米，由此计算出马匹的动力为每秒钟550尺磅，瓦特将之称为1马力。现在，除了航空、造船、汽车等领域还在使用这个单位，其他领域都使用标准的国际单位——瓦特。

内燃机

　　蒸汽机是利用汽缸外的热所产生的能量来驱动活塞的，但热损耗过高，于是科学家就想设计一种能够在气缸内产生能量，直接驱动活塞的机器，这就是内燃机。

第一台内燃机

　　1860年，比利时工程师埃迪内·莱诺成功制造出世界上第一台燃料在机器内部燃烧的发动机，即内燃机，由于这台机器使用的燃料是煤气，所以也被称为煤气内燃机。

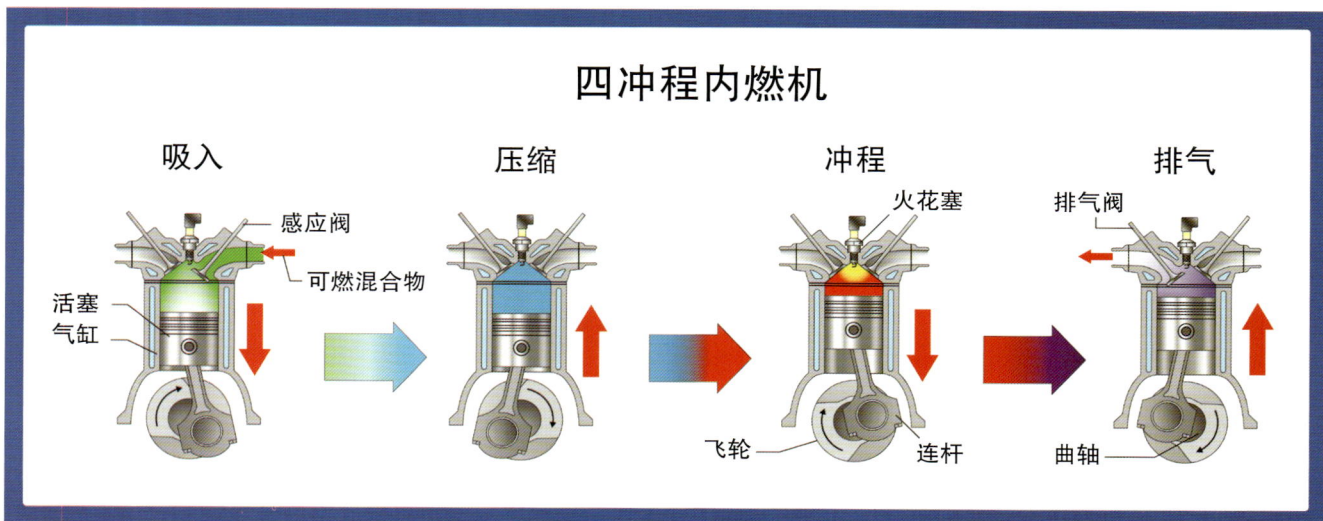

四冲程内燃机

吸入	压缩	冲程	排气

感应阀
可燃混合物
活塞
气缸
火花塞
排气阀
飞轮
连杆
曲轴

飞上蓝天

　　1903年，美国科学家莱特兄弟成功制造出了第一架飞上蓝天的飞机，这架飞机以一台8马力的汽油内燃机为引擎，成功在天上停留了59秒，飞行距离为260米。内燃机的发明帮助人类实现了在天空翱翔的梦。

内燃机之父

1876年，德国工程师奥古斯特·奥托制造出世界上首台四冲程内燃机，这种内燃机的功率和性能具有明显优势，一进入市场就大获成功，奥托也因此而获得"内燃机之父"的美誉。

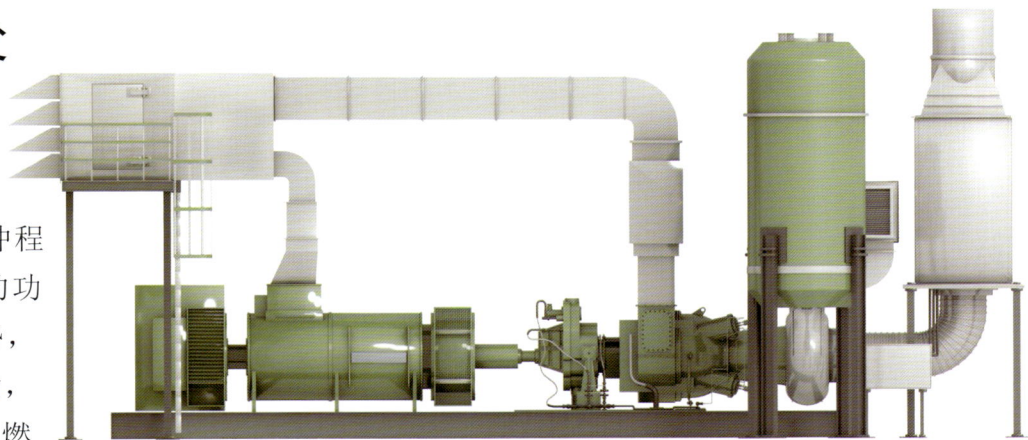

宝马公司

世界知名汽车公司——"宝马"于1916年成立，吉斯坦·奥托是宝马公司的创始人之一，他的父亲便是四冲程内燃机的发明者奥古斯特·奥托。"内燃机之父"不仅为现代汽车的诞生做出了不可磨灭的贡献，更成就了他儿子的事业。

空气污染

由于燃油在汽缸内快速燃烧生成了很多有毒物质，如一氧化碳、氧化硫、氧化氮等，这致使20世纪40年代的洛杉矶发生过很多次化学烟雾污染，是内燃机革命给人类社会造成的最大危害。

汽车之父

1885年，德国工程师卡尔·本茨独立发明了以汽油内燃机作为引擎的三轮车，并在次年获得了世界上第一个"汽车制造专利权"，本茨就是奔驰汽车的创始人之一，也被称为"汽车之父"。

105

机 床

机床也被称为工作母机或工具机，它是用来制造机器的机器。与手工制品相比，机床制造的机器更加精准和便宜，因为它促成了自动化与批量生产。

达·芬奇的草图

如果你认为达·芬奇只是一位知名画家，那就错了，他还是一位著名的音乐家、医学家、建筑师和设计师。达·芬奇留存于世的设计手稿达6000多页，早在1501年，他就绘出车床、镗床、内圆磨床等设计图。

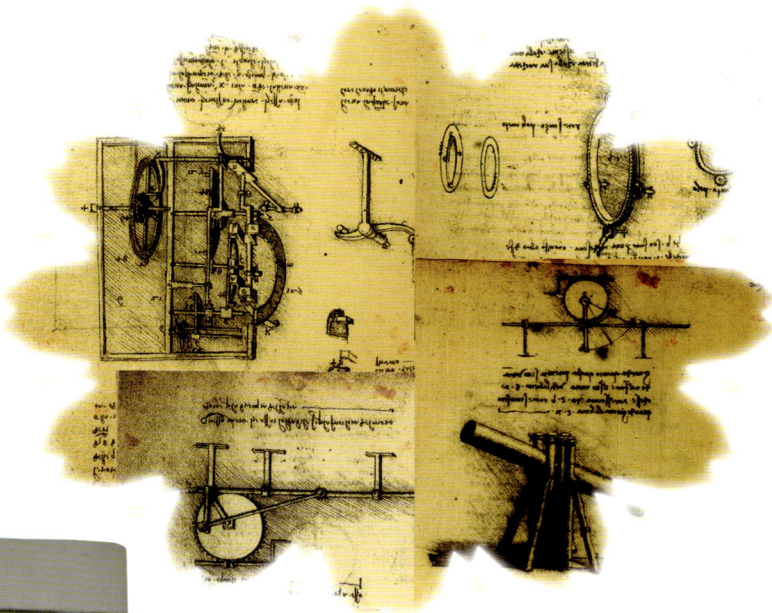

最早的磨床

磨床是利用磨具对物体表面进行切割和磨平加工的机床，早在我国明朝时期，《天工开物》这本科技著作中就有对磨床的记载，它用脚踏的方法使铁盘旋转，配合沙子与水进行玉石切割。

蒸汽机伴侣

1774年，英国发明家约翰·威尔金森制造出了更为精密的炮筒镗床，并用这台镗床帮助瓦特镗出更合适的汽缸。可以说，蒸汽机的发展离不开镗床的大力协助，镗床是蒸汽机的最佳伴侣。

机床工业之父

英国发明家莫兹利在1797年制成了世界上第一台螺纹切削车床。三年后，他又将床身改成了坚实的铸铁型，这就是现代车床的原型，莫兹利也因此被称为"英国机床工业之父"。

数控机床

数控机床是一种能够根据编好的数控程序，来控制机床运动，从而完成零件加工的现代化机床，也被称为"工业母机中的战斗机"。世界上第一台数控机床是在1952年由美国发明家约翰·帕森斯研制成功的。

"机床航母"

世界上最大的数控机床是由北京第一机床厂制造的超重型数控龙门镗铣床，这台机器高15米，宽22米，总长39米，重达900吨，被誉为"机床航母"。

电 灯

人类对光明的向往由来已久，从人类社会初期的钻木取火，到能够照明的火把、蜡烛和煤油灯，直到电灯的出现，使得照明能源更加便利、稳定，寿命也大大增加，它最大限度地实现了人类对光明的渴望。

弧光灯

1809年，英国化学家戴维发明了弧光灯，这是人类最早利用电能进行照明的工具，但它存在很多弊端，并不适合家庭使用。

竹丝灯泡

1880年，爱迪生经过实验发现，用竹子纤维碳化后做的灯丝，可以使灯泡的寿命延长到1200小时。这在当时是使用时间最长的灯泡，于是，当年的圣诞节，新泽西州的洛帕克街道就被竹丝灯装饰得灯火通明。

专利最多

托马斯·爱迪生一生共获得一千多项发明专利，有留声机、声电影、蓄电池、电表等，他是目前为止获得个人专利最多的科学家。

灯笼

灯笼起源于我国2000多年前的西汉时期，它是一种有提手的照明工具，也是世界上最早的便携照明工具。当然，在中国的传统文化中，灯笼更代表着喜庆、欢乐与祥和。

世纪之光

"世纪之光"是一只灯泡的名字，这只灯泡从1901年在加利福尼亚州的利弗莫尔市被点亮后，除了发生过几次断电故障，已经为人类提供照明将近100多年，是世界上寿命最长的灯泡。

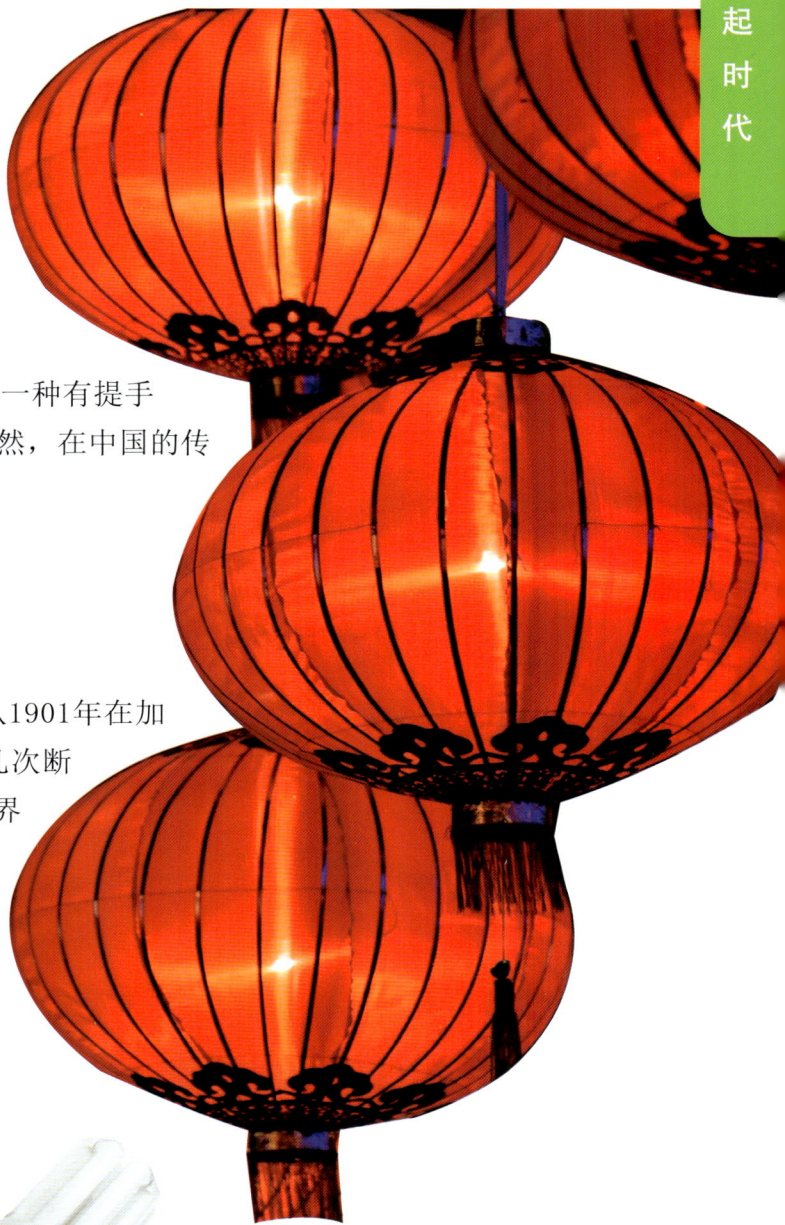

CFL节能灯

CFL也称紧凑型荧光灯，这种灯开关次数过多会影响灯泡的使用寿命，因此，随手关灯的好习惯在CFL节能灯这里并不实用，如果你短时间离开，三五分钟就会回来，那根本就不用随手关灯。

发电机

　　早在公元前600年前后，希腊哲学家泰勒斯观察到人们用摩擦琥珀来吸引羽毛，便开始思考电与磁的关系。直至1831年，法拉第发现电磁感应，并利用它开始研制发电机，人类离使用电能更近了一步。

电的产生

　　要想产生电，就需要磁铁和线圈，在磁铁的磁场范围内移动线圈则会产生电流，也叫感应电流，这就是发电机发电的原理。

雷神的故乡

　　据统计，全球每天会发生800多万次闪电，在委内瑞拉的卡塔通博河口，一年365天中会有将近280天会出现闪电，这里可以说是雷神在地球上的故乡。

带电的风筝

　　本杰明·富兰克林是18世纪美国著名的科学家，他曾做过著名的风筝实验，富兰克林用铁丝充当风筝线，在雷雨天放起风筝，用手触摸风筝线时感觉到了电流，由此提出了电流的概念。

第一台直流发电机

1832年，法国发明家毕克西成功制成了世界上第一台手摇式直流发电机，由于是以人力为动力，因此输出功率并不高，不会超过100瓦，而且持续发电的时间不长，只能用作简单照明。

自然能源

除了利用发电机发电，人类还可以利用自然界中的太阳能、水能、风能、潮汐能等发电。1878年，法国建成了世界上第一座水电站。1980年，美国第一所风力发电厂启用，人类开始利用风力作为发电能源。

静电

静电是一种处于静止状态的电荷，公元前600年，泰勒斯发现的现象就是静电。目前，静电不能用于发电，但已经有科学家在研制收集静电的发电机，未来的某一天，身边随处可见的静电也可以造福人类。

第一台发电机

世界上第一台发电机是由法拉第发明的圆盘发电机，它是利用电磁感应制成的，虽然它产生的电流还不足以使一只小灯泡发光，但它揭开了机械能转化为电能的序幕。

电动机

电动机是一种能将电能转换成机械能的设备，也称电机或者马达，是一种动力源。所有的机械都有电动机，大到汽车，小到录音机、电动牙刷，或手术仪器。

第一台实用电动机

世界上第一台实用电动机是由德国科学家雅可比利用电磁铁做转子制成的。1838年，雅可比将这台电动机装在一艘小船上，成功开启了电能驱动船只的历史。

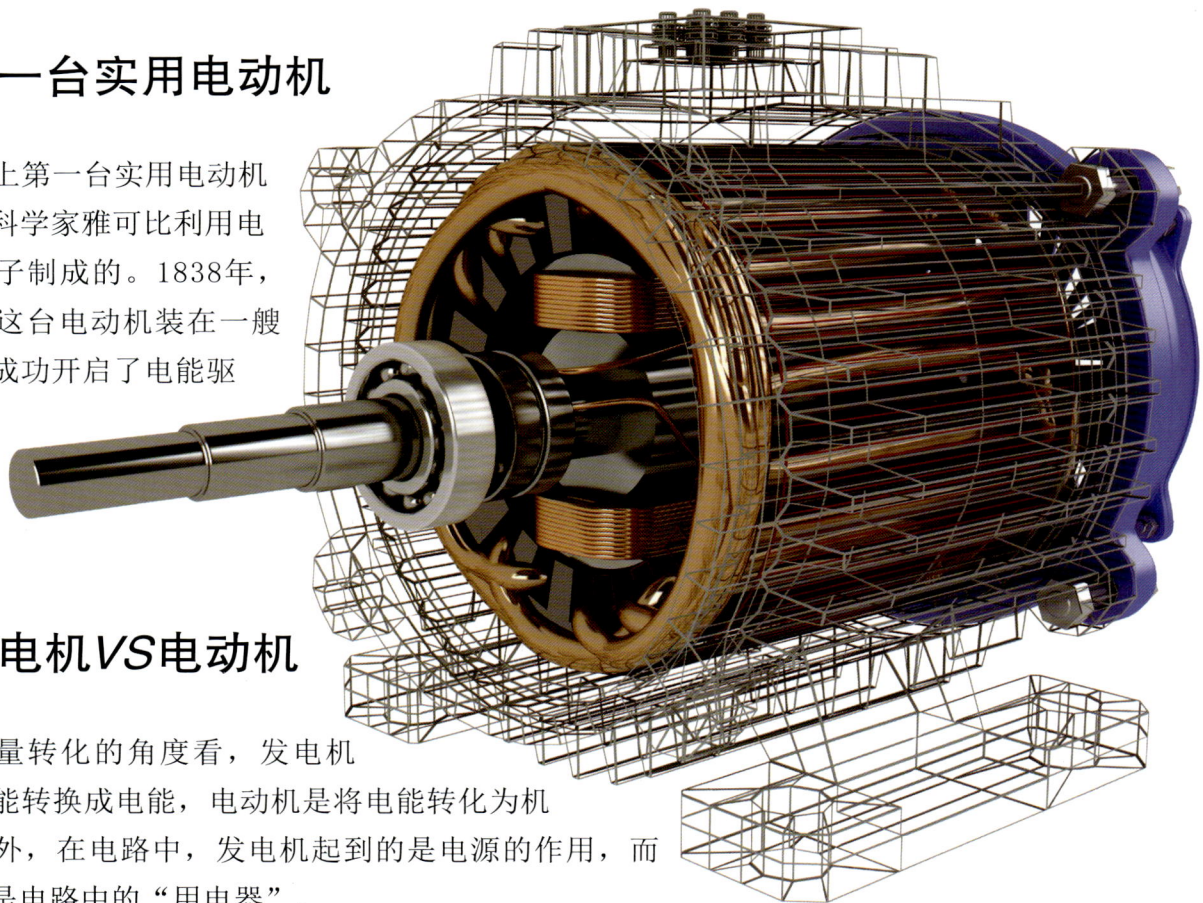

发电机VS电动机

从能量转化的角度看，发电机是将机械能转换成电能，电动机是将电能转化为机械能。另外，在电路中，发电机起到的是电源的作用，而电动机则是电路中的"用电器"。

电动牙刷

人们日常使用的电动牙刷也是由一个微型电动机进行驱动的，它将电能转化为动能，带动刷头震动，以起到清洁牙齿的作用。但清洁效果并不取决于你使用的是哪种牙刷，也就是说，无论是用手动牙刷，还是用电动牙刷，如果刷牙方式不正确，都是无济于事的。

世界最大

世界上最大的电动机在中国，它是电气集团为三峡工程制造的两个单体各重450吨、直径为10米的转轮，这两个电机容量70万千瓦的三峡电站水轮发电机组，是目前世界上容量、重量、直径等都处于世界领先地位的电动机设备。

世界最小

我们常见的马达都是由电力驱动的，但有一种分子马达，是靠化学能驱动的，这种马达尺寸极小，达到纳米级。目前，世界上最小的分子马达已被研发出来，它仅由16个原子组成，比人类一根头发的直径还要小10万倍。

最古老的电动机

世界上最古老的电动机是1896年生产的西门子电动机，这台电动机于1903年被引入青岛啤酒厂，直到1995年，这台机器还在正常运作。

电 池

电池是一种能够产生电流的装置或设备，它结构简单，携带方便，从小巧的一次性碱性电池，到可以反复充电的蓄电池，它们在生活各个方面为人类提供着便利。

莱顿瓶

1746年，荷兰莱顿大学的马森布洛克发明了收集电荷的"莱顿瓶"，这种电容器是电池的最早雏形。

最早的电池

世界上最早的电池是意大利科学家伏特于1800年发明的"伏特电堆"，也称"伏打电堆"，这是世界上最早的化学电池，开创了电学发展的新时代。

"鹦鹉螺"号

1886年，两名英国科学家研制了"鹦鹉螺"号潜艇，它是由2台46马力的电动机来推进，由蓄电池来供给电力的，是世界上最早使用蓄电池的潜艇。

先锋1号

太阳能电池是可以直接把光能转化为电能的电池，它最早被应用于航天业，先锋1号是第一艘使用太阳能电池的宇宙飞船，而且至今在轨飞行着。

最古老的电池

在伊拉克首都巴格达城的一座古墓中，发现了一个用陶罐制成的东西，经科学研究，这可能是世界上最古老的电池，距今已有2000多年的历史。

干电池

之所以称为干电池，是因为它其中的电解液是糊状的，不会溢漏。最早的干电池是由英国科学家赫勒森于1887年发明的。干电池容量低，只适合用于手电筒、收音机、遥控器等小电流的放电设备。

化合物

由同种元素组成的物质叫作单质，由不同种元素组成的物质叫作化合物，生活中常见的化合物有氯化钾、氢氧化钠、二氧化锰、氯化氢、碳酸氢钠等。

TABLEAU PÉRIODIQUE DES ÉLÉMENTS

👆 单质

在已经确定的110多种化学元素中，常温下单质为气体的有11种，分别为氢、氮、氟、氯、氧、氦、氖、氩、氪、氙、氡；单质为液体的有汞和溴两种，其余的单质都呈固体。

1 H Hydrogène																	2 He Hélium
3 Li Lithium	4 Be Béryllium											5 B Bore	6 C Carbone	7 N Azote	8 O Oxygène	9 F Fluor	10 Ne Néon
11 Na Sodium	12 Mg Magnésium											13 Al Aluminium	14 Si Silicium	15 P Phosphore	16 S Soufre	17 Cl Chlore	18 Ar Argon
19 K Potassium	20 Ca Calcium	21 Sc Scandium	22 Ti Titane	23 V Vanadium	24 Cr Chrome	25 Mn Manganèse	26 Fe Fer	27 Co Cobalt	28 Ni Nickel	29 Cu Cuivre	30 Zn Zinc	31 Ga Gallium	32 Ge Germanium	33 As Arsenic	34 Se Sélénium	35 Br Brome	36 Kr Krypton
37 Rb Rubidium	38 Sr Strontium	39 Y Yttrium	40 Zr Zirconium	41 Nb Niobium	42 Mo Molybdène	43 Tc Technétium	44 Ru Ruthénium	45 Rh Rhodium	46 Pd Palladium	47 Ag Argent	48 Cd Cadmium	49 In Indium	50 Sn Étain	51 Sb Antimoine	52 Te Tellure	53 I Iode	54 Xe Xénon
55 Cs Césium	56 Ba Baryum	57 La* Lanthane	72 Hf Hafnium	73 Ta Tantale	74 W Tungstène	75 Re Rhénium	76 Os Osmium	77 Ir Iridium	78 Pt Platine	79 Au Or	80 Hg Mercure	81 Tl Thallium	82 Pb Plomb	83 Bi Bismuth	84 Po Polonium	85 At Astate	86 Rn Radon
87 Fr Francium	88 Ra Radium	89 Ac** Actinium	104 Rf Rutherfordium	105 Db Dubnium	106 Sg Seaborgium	107 Bh Bohrium	108 Hs Hassium	109 Mt Meitnerium	110 Ds Darmstadtium	111 Rg Roentgenium	112 Cn Copernicium	113 Uut Ununtrium	114 Fl Flérovium	115 Uup Ununpentium	116 Lv Livermorium	117 Uus Ununseptium	118 Uuo Ununoctium

*	58 Ce Cérium	59 Pr Praséodyme	60 Nd Néodyme	61 Pm Prométhium	62 Sm Samarium	63 Eu Europium	64 Gd Gadolinium	65 Tb Terbium	66 Dy Dysprosium	67 Ho Holmium	68 Er Erbium	69 Tm Thulium	70 Yb Ytterbium	71 Lu Lutécium
**	90 Th Thorium	91 Pa Protactinium	92 U Uranium	93 Np Neptunium	94 Pu Plutonium	95 Am Américium	96 Cm Curium	97 Bk Berkélium	98 Cf Californium	99 Es Einsteinium	100 Fm Fermium	101 Md Mendélévium	102 No Nobélium	103 Lr Lawrencium

- Non-métaux
- Métaux alcalins
- Métaux pauvres
- Gaz nobles
- Métaux de transition
- Lanthanides
- Métalloïdes
- inconnu
- Métaux alcalino-terreux
- Actinides
- Halogènes

👆 碳

碳是一种非金属元素，以多种形式存在于自然界中。它可以形成多达400万种以上的化合物，比其他所有元素所形成化合物的总和还要多得多。

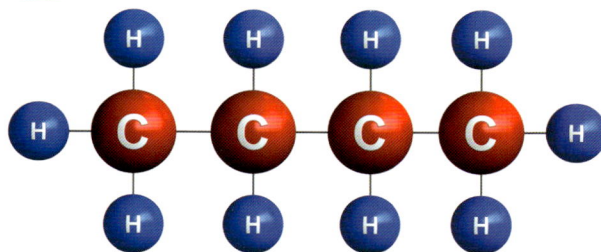

Butane C_4H_{10}

儿童科学历史百科全书

最硬的化合物

目前，世界上最硬的化合物并不是金刚石，而是一种可以和金刚石媲美的共价化合物——氮化碳，它的硬度已经超过了金刚石，成为世界上最坚硬的新材料。

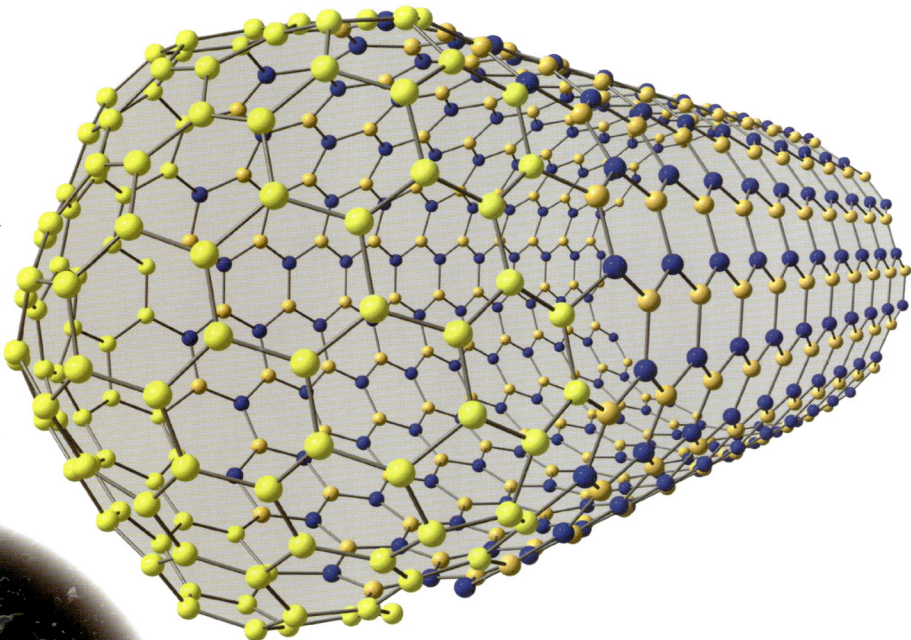

第一化合物

宇宙大爆炸后，氢、碳、氮、氧等几种元素早期就普遍存在，因此科学家推断，宇宙间形成的第一化合物非常有可能是CH、NH或OH这几种。

尿素

尿素是一种中性肥料，既能促进植物生长，又对土壤的破坏作用小。它是由碳、氮、氧、氢四种元素构成的白色晶体，是第一种人工合成且使用至今的有机化合物。

氯化钠

氯气是一种黄绿色的剧毒气体，但它与钠反应时，就会生成氯化钠，这种化合物也就是人们日常用到的食盐，是人类最常见、最常用的化合物之一。

化学制药

在考古发掘中发现，在原始社会穴居人的墓穴中存有草药，这说明草药很可能在很早之前就被人类应用了。我国古代的医书中也有记载如何将草药制成丸、散、丹、药酒等的方法。19世纪中后期，西方科学家从植物中提取出纯的化学成分，这意味着化学制药工业诞生了。

中成药

张仲景是我国东汉时期著名的医学家，他著述的《伤寒杂病论》中详细记载着一些方剂的加工过程，这为中成药的发展奠定了坚实的基础。

水杨苷

水杨苷是一种生物化学成分，具有止痛和退热的功效。在古埃及和古希腊，人们患了风寒后，会使用桃金娘、柳枝、绣线菊等植物，这几种植物中都含有水杨苷，虽然人们不知道这种化学成分的存在，但是已经会使用植物来治疗疾病。

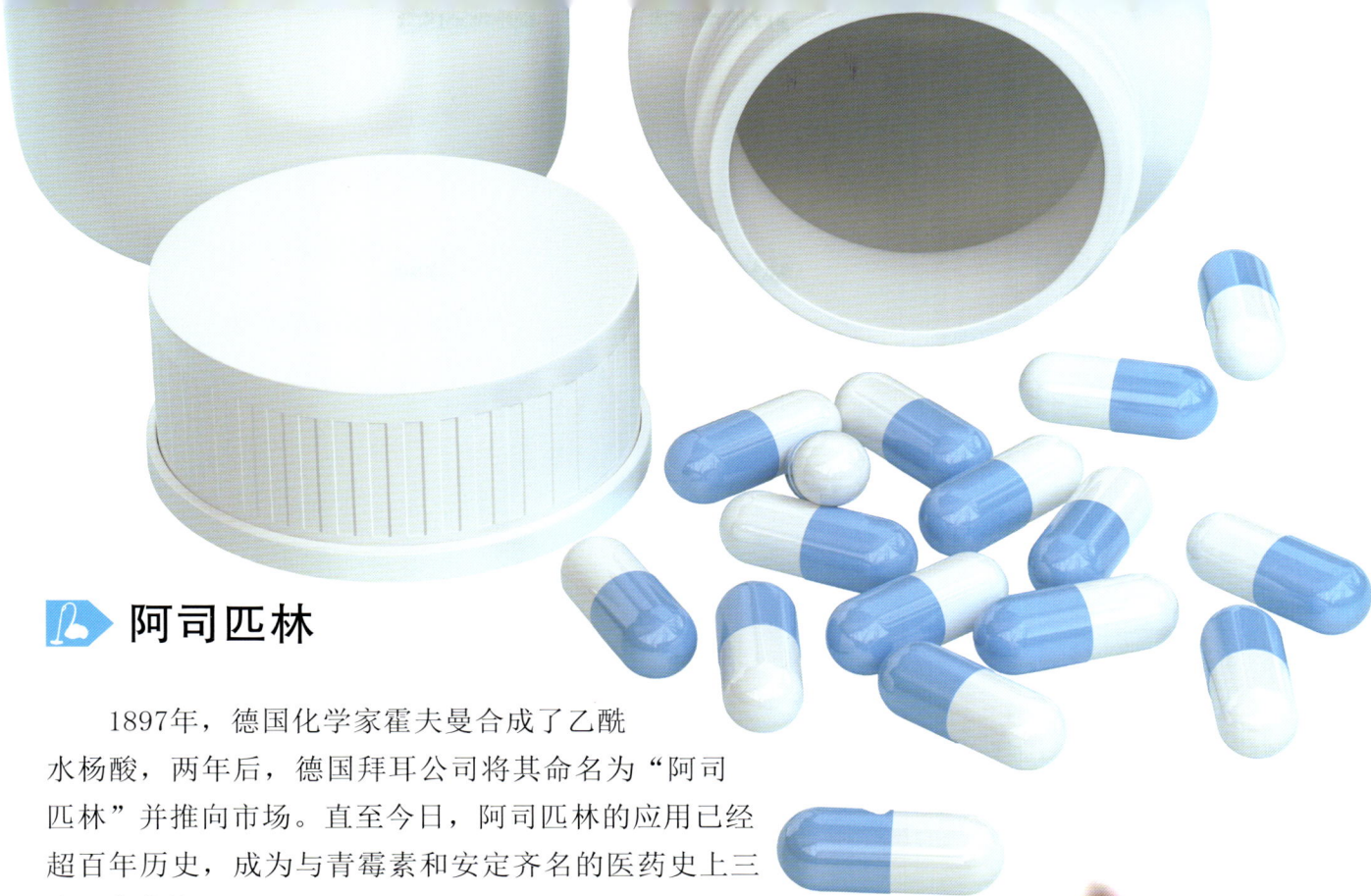

阿司匹林

1897年，德国化学家霍夫曼合成了乙酰水杨酸，两年后，德国拜耳公司将其命名为"阿司匹林"并推向市场。直至今日，阿司匹林的应用已经超百年历史，成为与青霉素和安定齐名的医药史上三大经典药物。

第一种合成药物

1799年，英国化学家汉弗莱·戴维在做实验时，发现了一氧化二氮具有止痛的功效，后被人们广泛应用于医学手术中。一氧化二氮是一种气体，就是现在常说的"笑气"，这是第一种完全合成的药物。

青蒿素

青蒿素是由我国药学专家屠呦呦于1971年从黄花蒿中提取出的一种化学成分，它对治疗各种疟疾都有显著疗效，现已制成片剂、注射剂等应用于疟疾治疗领域。

胶囊

第一粒胶囊诞生于公元前1500年的埃及，但并未被推广应用。1730年，淀粉制成的胶囊开始在维也纳被广泛使用。虽然胶囊不是药物，但是解决了很多药物因苦涩或刺激胃肠道而不易服用的难题。

手　术

　　早在公元前5000年，可能就已经有了开颅手术，因为在法国发掘出了一个带有孔洞的头盖骨，虽然那时没有麻醉剂，没有无菌环境，没有专业医生，但最原始的手术已经存在了。

伦敦第一快刀医生

　　罗伯特·李斯顿是苏格兰外科的先驱，在麻醉剂发明之前，他以手法迅速而著称，28秒就能做一个截肢手术，还曾在4分钟之内切过45磅的阴囊肿瘤。

最早的外科手术

　　从19世纪初期到21世纪，真正意义上的外科手术已经走过了200多年的道路。放血可以说是最早的外科手术，而且是包治百病的手术。中世纪的欧洲，医生是不愿意去做放血这项手术的，一般由理发店来代理。理发店门前的标志物——红白蓝灯箱是有特殊意义的，红色代表动脉血，蓝色代表静脉血，白色代表绷带。

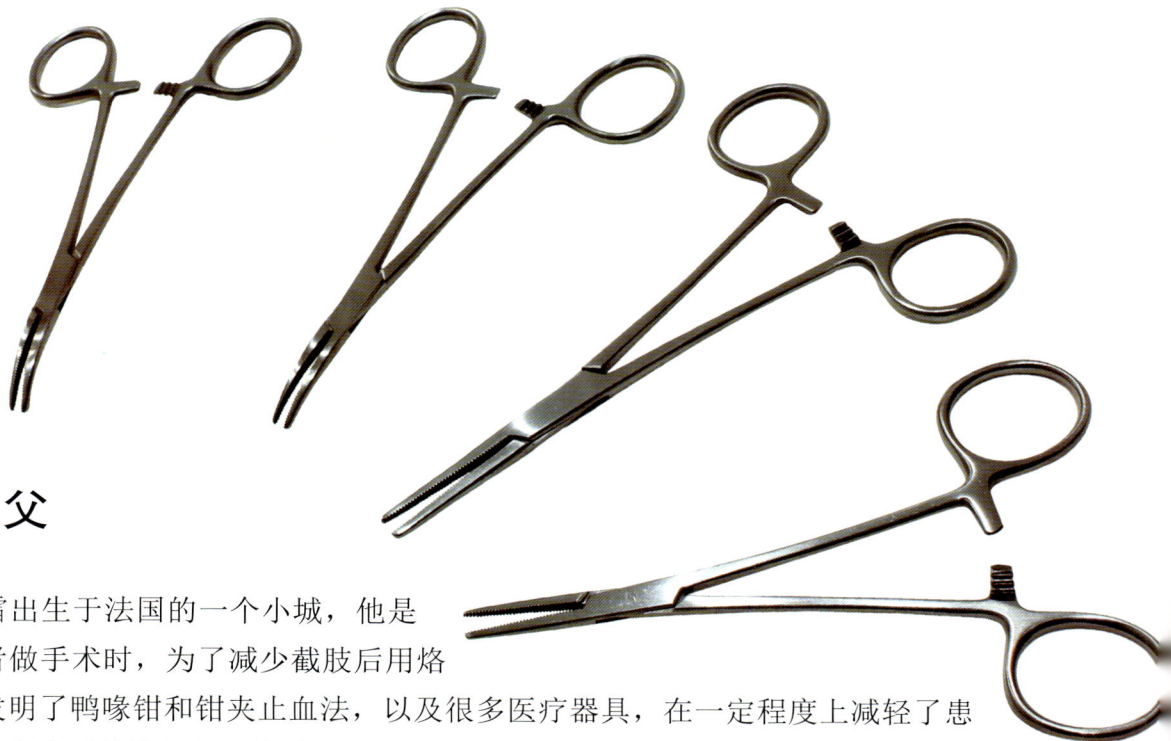

外科学之父

　　安布列斯·帕雷出生于法国的一个小城，他是一名军医，在给患者做手术时，为了减少截肢后用烙铁消毒的痛苦，他发明了鸭喙钳和钳夹止血法，以及很多医疗器具，在一定程度上减轻了患者的痛苦，帕雷也因此被后世尊称为"外科学之父"。

太阳王的肛瘘手术

太阳王路易十四被肛瘘折磨了很久，医生为了顺利给他做手术，先后切开了75名患者的屁股做练习，1689年11月18日，成功为这位权力顶峰的人完成了肛瘘手术。

消毒液

英国外科医生约瑟夫·李斯特发明了一种碳酸喷雾器，喷出的碳酸薄雾可以杀死空气中的细菌，降低患者因感染而死亡的概率。

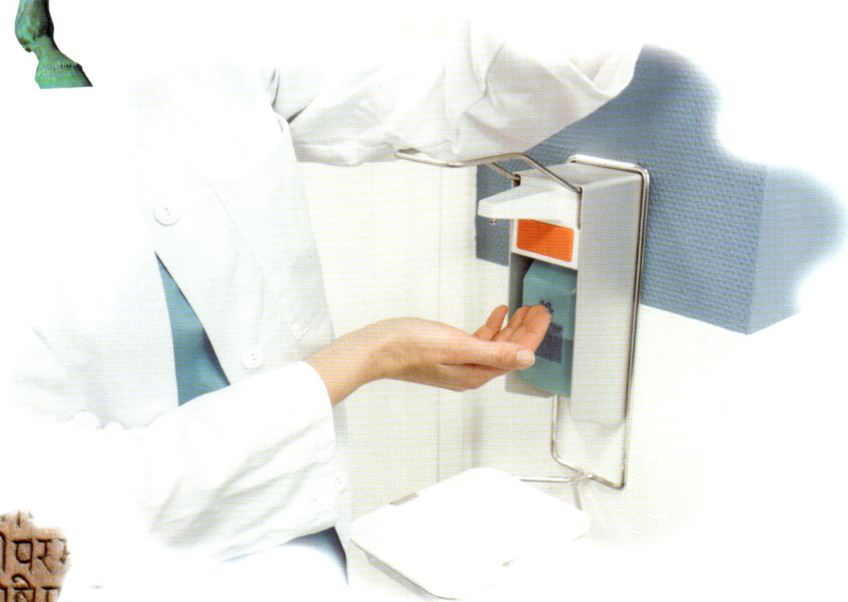

《吠陀》

《吠陀》是一部古代印度文献，其中的《阿达婆吠陀》篇章中，记录了120种以上的铁质手术器材，这从一定程度上说明手术技术在古印度时已经很发达。

疫 苗

从出生开始，婴儿便要接种疫苗，作为预防某些疾病的方式之一，疫苗能起到防患于未然的作用。据统计，每年因疫苗接种，可减少200万至300万例因破伤风、白喉、百日咳、麻疹等导致的死亡案例。

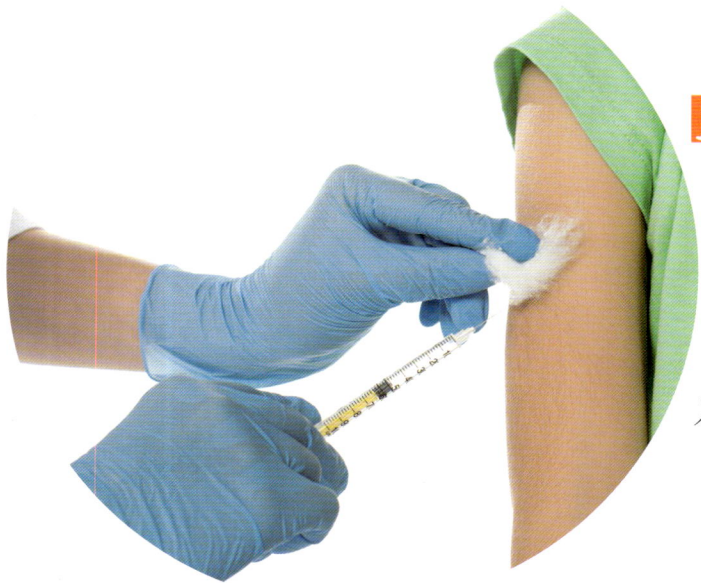

第一个接种疫苗的人

人类历史上第一个接种疫苗的人是一个名叫菲普斯的八岁男孩，他被注射了一些牛痘的脓浆到皮肤中，在发了几天低烧后，小男孩并没有染上牛痘。从此，这种以毒攻毒式的疫苗进入人类预防疾病的视野中。

爱德华·詹纳

爱德华·詹纳是英国著名的医学家、科学家，被后人称为"免疫学之父"，他发明并普及了一种预防疾病的方法，即接种疫苗法。给菲普斯进行接种的医生，就是这位著名的詹纳医生。

天花

天花是由天花病毒引起的一种烈性传染疾病，与黑死病、霍乱等都留下了惊人的死亡数字，但通过全世界范围的免疫接种，1980年，联合国卫生组织宣布天花已经灭绝。

路易斯·巴斯德

路易斯·巴斯德是法国著名的生物学家，他成功研制出了狂犬病疫苗。1885年7月，一名叫约瑟夫·梅斯特的男孩被患有狂犬病的疯狗严重咬伤，在巴斯德的实验室，这个男孩在十天内接种了12针狂犬病疫苗，最终活了下来。

卡介苗

20世纪20年代初期，法国科学家阿尔伯特·卡迈特和卡米尔·介兰成功研制出了卡介苗，免疫接种后可以有效地预防结核病，这是世界上唯一一个没有以疾病名称命名，而是用发明者姓氏命名的疫苗。

能吃的疫苗

绝大多数疫苗都是采用皮下注射的方式来接种的，但也有能口服的。目前，我国能吃的疫苗有预防脊髓灰质炎疫苗，也就是著名的糖丸，还有轮状病毒疫苗、沙门氏菌疫苗和霍乱弧菌疫苗等。

气象学

气象学是研究天气情况并对之进行预报的科学，可以细分为海洋气象学、森林气象学、污染气象学、航空气象学等，这一学科与人类的生产、生活都有密切的关系。

气象学

最早提出气象学的人是古希腊的哲学家亚里士多德，他在《气象汇论》中，简单地对风、云、雨、雪、雷、雹等天气现象进行了解释，这是最早关于天气情况的说明，这本书也成为世界上最早的气象书籍。

北京古观象台

北京古观象台始建于1442年，古时也称观星台、司天台等，观象台上有浑仪、简仪、浑象等观测天象的仪器，可以观测天文、气象、地震等现象。

气压表

气压表是一种帮助判断天气变化的仪器，由意大利学者托里拆利于1643年发明。当时，气压表被誉为天气的"眼睛"，因为气压与天气变化有密切的关系。

第一个气象观测站

世界上第一个气象观测站位于意大利北部的佛罗伦萨，是在斐迪南二世领导下，于1653年建立的。此后，世界其他国家陆续建立了气象观测站，开始累积气象资料。

第一颗气象卫星

1960年，美国成功发射了人类历史上第一颗气象卫星"泰罗斯"1号，它是一颗试验卫星，可用时间很短，但仍然从太空传回了数万张照片，成为气象研究的宝贵资料。

最大冰雹

冰雹的大小取决于上升气流的强弱，要形成直径12厘米以上的冰雹，上升气流的速度需要达到每小时161千米以上。历史上最大的冰雹直径为19.05厘米，重达758克，出现在1979年美国堪萨斯州科菲维尔市的一次暴风雨中。

125

塑 料

塑料是一种聚合物，从第一种塑料产品诞生算起，至今已有120多年的历史。19世纪时，摄影师亚历山大·帕克斯为了自己制作胶片，无意中将胶棉和樟脑混合，产生了一种新物质，这就是最早的塑料，帕克斯将其称为"帕克辛"，使用在自己的摄影工作中，但并未推广。

赛璐珞

赛璐珞是用硝化纤维、酒精和樟脑等原料混合而成的，这种新塑料比"帕克辛"的柔韧性更好，更加结实。赛璐珞的英译文有两个：一是象牙；二是电影胶片。电影确实是在这种胶片发明后发展起来的。

拯救大象

19世纪，桌球运动风靡英国，当时的桌球都是用象牙制作的，虽然大肆捕杀大象，但得到的象牙对于桌球需求量而言仍是杯水车薪，这时就需要一种既廉价又像象牙一样的材料，赛璐珞的出现，不仅满足了桌球生产，还拯救了大象。

可降解塑料

可降解塑料为新型材料，是一种可以在较短时间内，在自然条件下自行降解的塑料。使用这种材料，可以大大降低白色污染的发生，由于成本较高，目前只在医疗领域广泛应用。

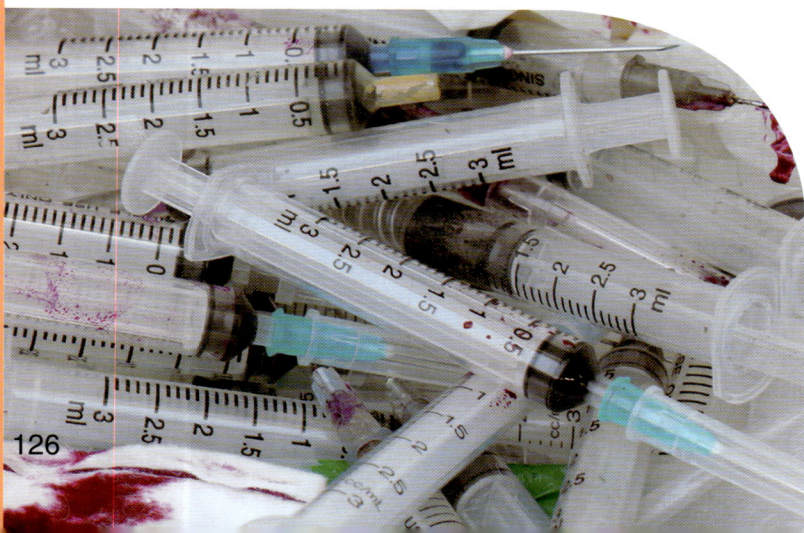

白色污染

从1907年至今，人类已经生产了63亿吨左右的塑料垃圾，这些塑料垃圾有9%被回收，12%被焚烧，剩下的79%散落到地球各个角落。其中，海洋每年接纳的塑料垃圾约有800万吨。

无毒塑料

PP、PE、PC这三种塑料是无毒的。PP是聚丙烯的简称，熔点高达167℃，是制作塑料餐盒的材料，可放入微波炉中加热；PE是聚乙烯的简称，通常制作成塑料袋等；PC是聚碳酸酯的简称，通常制成各种塑料外壳。

吃塑料的虫

黄粉虫也叫面包虫，科学实验发现，塑料在黄粉虫的肠道内可以快速降解，一部分变成二氧化碳，一部分成为自体脂肪，这为解决白色污染问题提供了新办法。

化 肥

　　化肥是化学肥料的简称，包括氮肥、磷肥、钾肥及各种复合肥等，化肥的养分高，效力快，但相比较农家肥，化肥存在一定的污染隐患，因此，在促进农作物增产的同时，更要合理使用肥料，缓解土壤污染。

最早的肥料

　　最早的肥料是动物粪肥，古希腊传说中，大力士赫拉克勒斯让河水冲走牛粪，沉积在附近的土地上，使农作物获得了大丰收。这说明，在古希腊时，人类就已经意识到动物粪肥对农作物的增产作用。

化肥之父

　　尤斯图斯·冯·李比希是一位德国的化学家，他发现氮是植物生长所需的元素之一，同时他还创立了植物矿物质营养学说和归还学说，为化肥的诞生提供了理论基础，他也因此被称为"有机化肥之父"。

第一种化学肥料

　　世界上第一种化学肥料是磷肥，它是一位英国乡绅劳斯在1838年研制成的。劳斯用硫酸处理磷矿石制成了磷肥，10多年后，他又成功制成了氮肥。

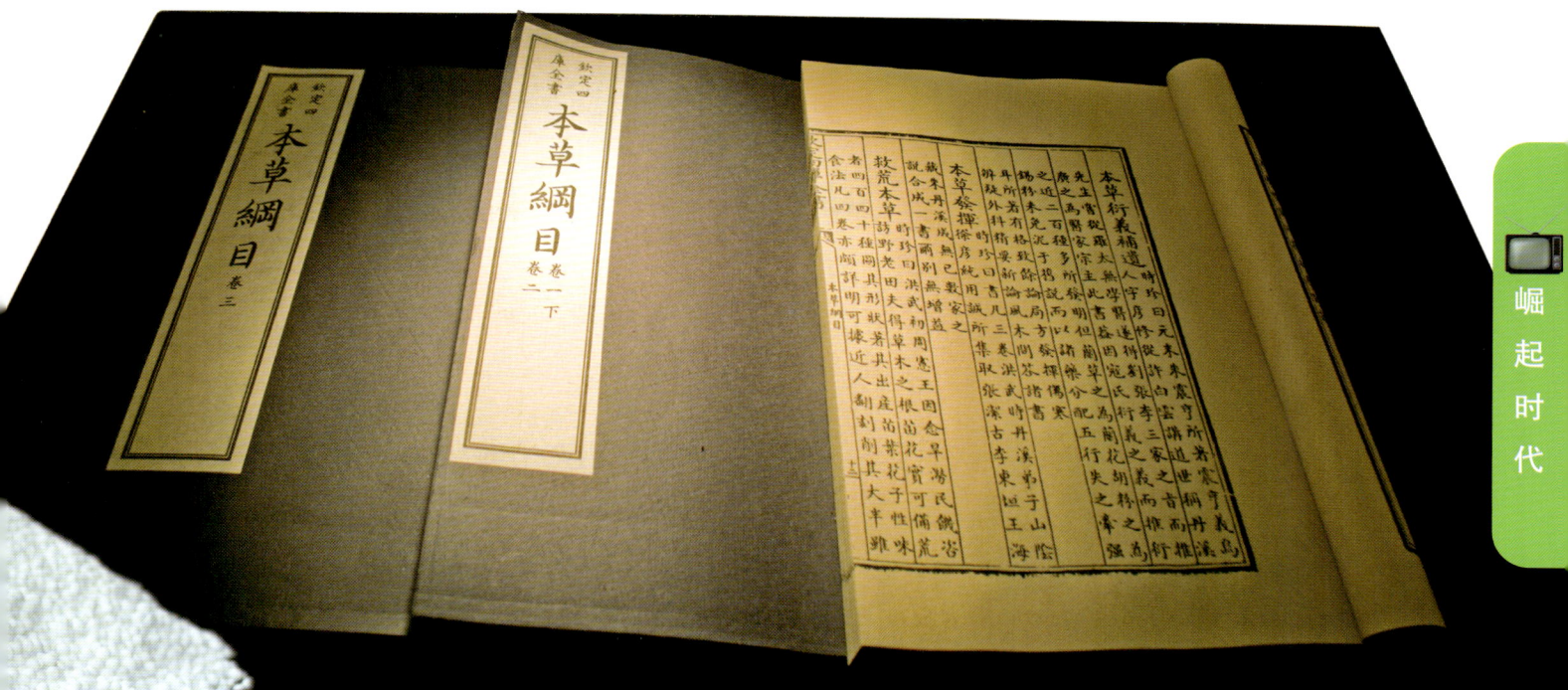

最早的农药

除了肥料，农药也与农作物息息相关。早在3000年前，我国劳动人民就开始与植物虫害做斗争，很多防治农作物害虫的药品已经出现。后来，部分药品经明代医学家李时珍收集、整理并记录在《本草纲目》里。

三元素

肥料中最重要的三种元素为氮、磷、钾，它们是植物生长不可缺少的元素，也被称为"化肥三元素"。氮能促进叶片生长，使植物枝繁叶茂；磷能促进植物根系生长，钾可以使植物更粗壮，抗病能力更强。

自制肥料

家庭中可以充分利用生活杂物来自制肥料，如吃剩下的骨头可以制成骨粉，淘米水、茶叶渣、鸡蛋壳、果皮或菜叶、豆渣等，充分腐熟后，都是很好的植物肥料，而且纯绿色，无污染。

生活用品

生活用品是指人们日常生活中使用的物品，包括床上用品、厨卫用品、家庭装饰品、化妆用品等，涉及与生活相关的方方面面。

购物车

1936年，美国俄克拉荷马州的超市经营者斯尔文·戈德曼，将两个购物篮合并在一起，并安装上简易的轮子，制成了人类历史上第一辆购物车。

马桶

1596年，英国人约翰·哈灵顿发明了最早的冲水马桶，虽然它只能将蓄水池的水放下来冲洗，并未解决除臭的问题，但它仍然是人类历史上最伟大的发明之一。甚至在英国某著名杂志的评比中，抽水马桶强势碾压电脑、电灯、飞机、轮船等，成为人类历史上位居第一的发明。

牙膏

最早的牙膏粉是由古埃及人发明的，它主要是由植物粉末和白垩土沉积物等构成的，具有简单的清洁牙齿作用。真正的加氟牙膏是由美国人在1945年研制成功的，它除了清洁牙齿，还可以防蛀。

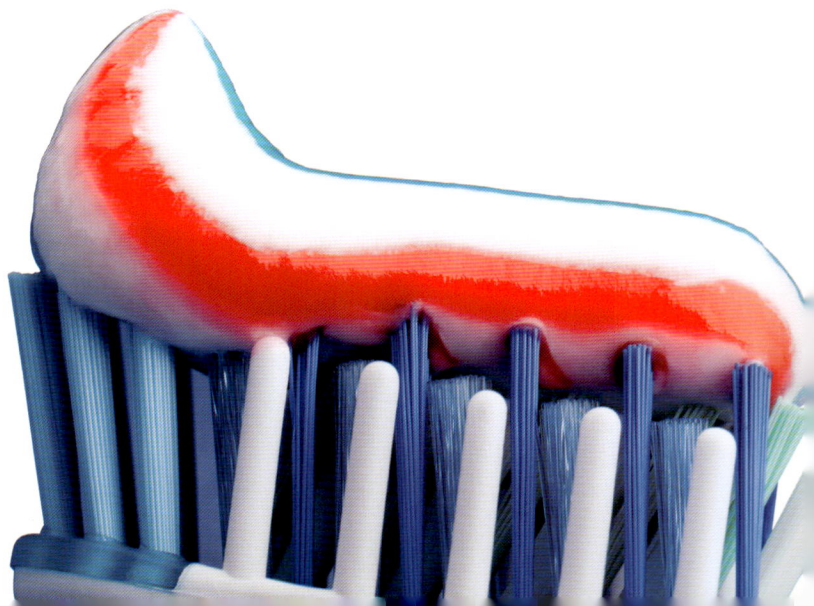

最早的燃气灶

最早的燃气灶是由英国人詹姆斯·夏夫在1826年制成的。与我们现在使用的燃气灶有很大不同，首先，它的名字叫煤气炉；其次，它是一个立体的吊炉，没有灶台，有点像制作北京烤鸭的炉子。

口红

最早使用口红的人可能是埃及艳后克娄巴特拉七世，她调配出的黄褐色口红曾风靡一时。到了伊丽莎白一世时，这位英国女王用胭脂虫、阿拉伯胶、蛋清、蜂蜡和无花果浆配出了大红色，而且还研制出了固体唇彩，毫无疑问地成为现代口红的鼻祖。

雨伞

雨伞虽然不是英国人发明的，但英国多雨，雨伞在英国的使用率就格外高。从18世纪开始，英国女性将雨伞当作装饰物，雨伞放在身体的哪一侧，是否撑开，都有特殊的意义。譬如，用左手拿着撑开的伞，表示"我没有空闲的时间"。

131

家用电器

从20世纪初开始，家用电器发展到今日已有百余年的历史。家用电器包括在家庭及类似场所中使用的所有电子器具，如电视机、电冰箱、遥控器、微波炉等，这些电器在便利了人们生活的同时，也成为现代生活的必需品。

电视机

1925年，英国电子工程师约翰·贝尔德发明了世界上第一台电视机。1939年，大约有2万个英国家庭已经拥有了电视机，电视机开始走入人们的生活成为家庭用品之一。

遥控器

遥控器是由美国人阿尔德勒发明的，最初的遥控器是有线遥控，被称为"懒骨头"。1956年，阿尔德勒又成功研发了"超声波遥控器"，之后的将近30年里，这种遥控器一直在市场上占据着领导位置，直到20世纪80年代"红外遥控器"被发明出来，这种更先进的设备开始在电子领域被广泛应用。

电冰箱

德国工程师卡尔·冯·林德在1879年发明了制冷机，这是现代压缩式制冷机的开端。世界上第一台具有真正意义的电冰箱是1913年在美国芝加哥诞生的。

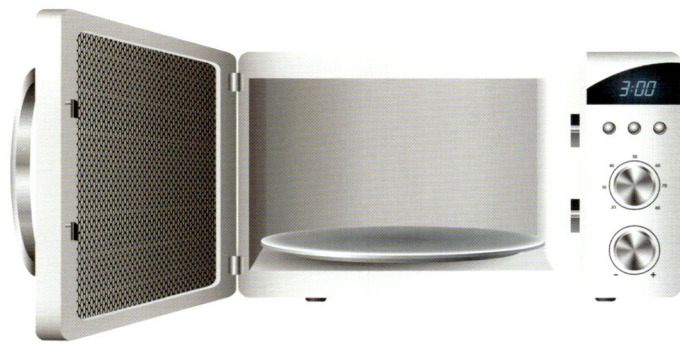

微波炉

最先发现电磁波可以加热食物的是一名美国士兵。1947年，雷神公司利用电磁原理研制出了世界上第一台微波炉，当时叫作雷达炉，这台微波炉重达340千克，而且价格昂贵，还不能走入普通家庭。

吸尘器

1905年，英国工程师沃尔特·格里菲斯发明了供电式吸尘器，这种吸尘器更加便携且小巧，任何一个普通人都能操作，吸尘器从此走入普通家庭。

家用电器发祥地

美国被誉为家用电器的发祥地，绝大多数家电都是由美国人发明的，如彩色电视机、微波炉、洗衣机、空调、收音机、录音机、电熨斗等。

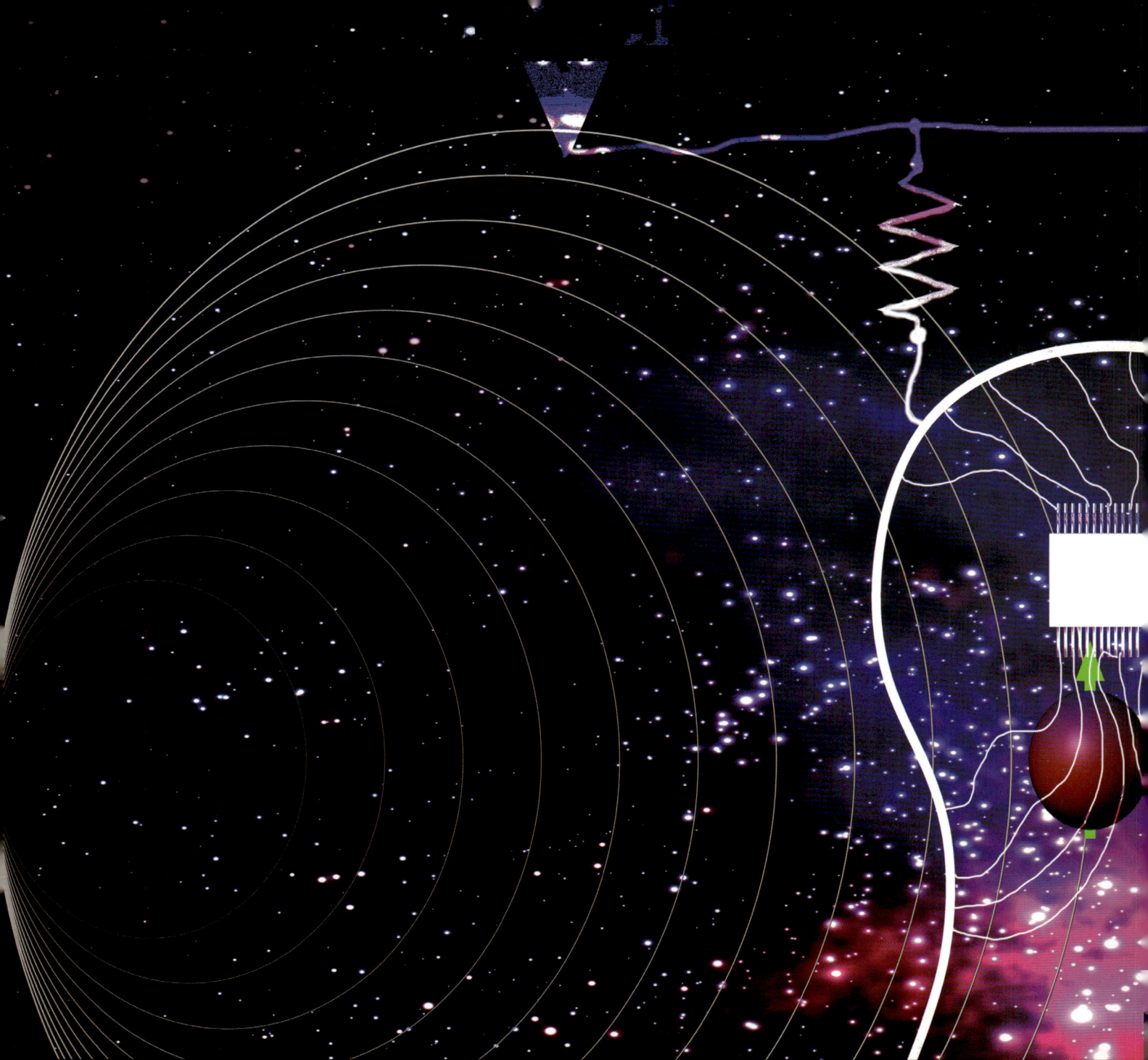

原子时代

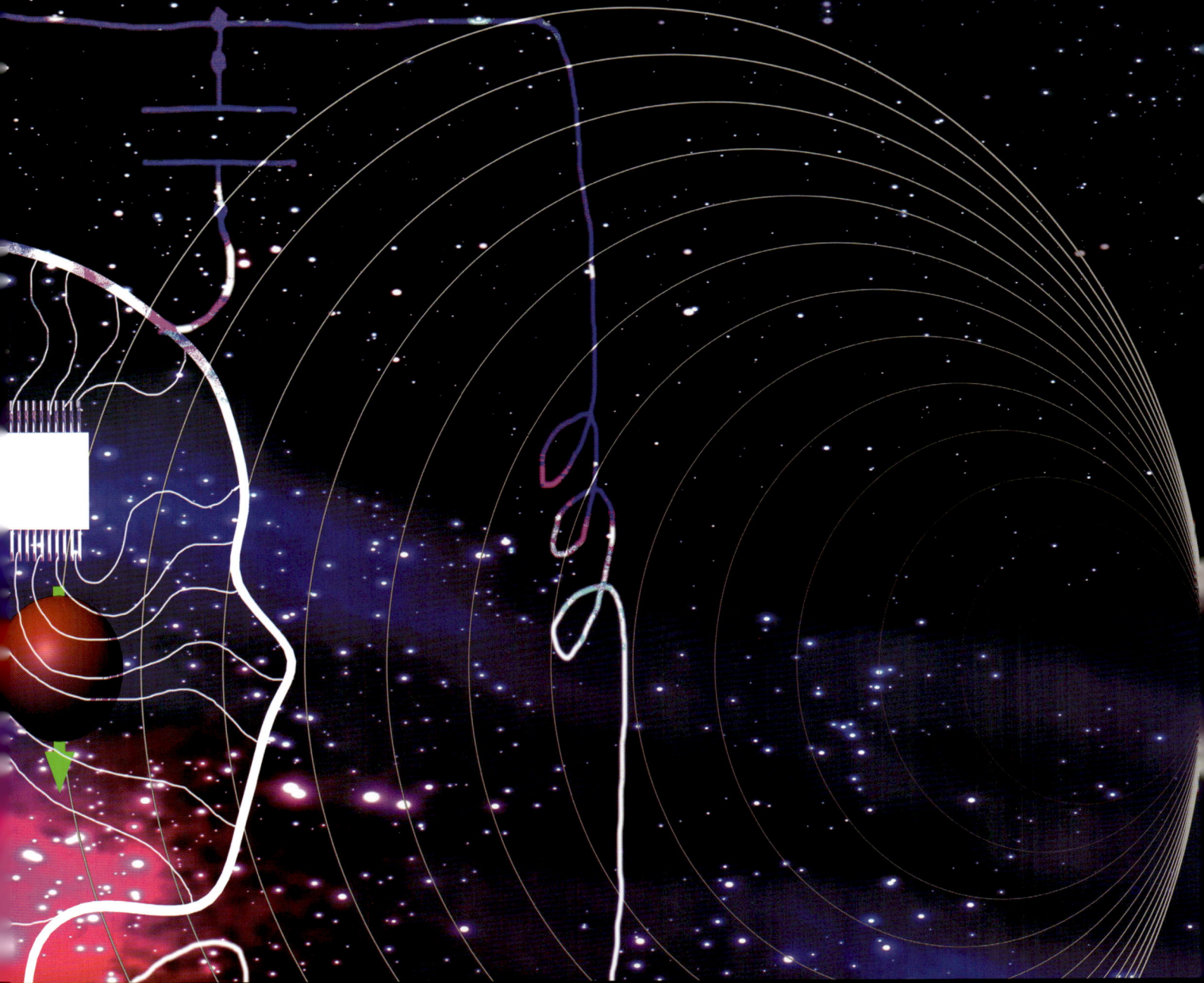

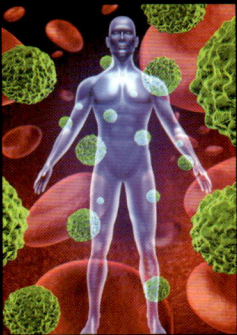

20世纪是一个快速更新、变革的世纪。以物理学为先导，出现了相对论、量子力学，取代牛顿力学成为现代物理学的基础理论。同时，在天文学、生物学、化学领域一样发生了重大的变革，尤其是放射性的意外发现，既揭示了微观粒子世界的奥秘，又将一种全新的能源带入人类视野。

元素周期表

1860年，世界上制定了统一的化学元素符号，使各国科学工作者之间有了统一的化学语言。到了1869年，俄国化学家门捷列夫将已经发现的63种化学元素按照一定规律，安排在同一张表格中，这就是著名的元素周期表。

排列规律

在门捷列夫的元素周期表中，元素是根据原子序数从小到大排列的，最小的排在最前面。周期表中有7个周期，16个族。表中每一个横行称为一个周期，每一个纵列称为一个族。

1 **H** HYDROGEN 1.0079	

图例：
- Non-metal
- Alkali metal
- Alkaline earth metal
- Transition metal
- Metal
- Metalloid
- Halogen

3 **Li** LITHIUM 6.941	4 **Be** BERYLLIUM 9.0122						
11 **Na** SODIUM 22.989	12 **Mg** MAGNESIUM 24.305						
19 **K** POTASSIUM 39.098	20 **Ca** CALCIUM 40.078	21 **Sc** SCANDIUM 44.955	22 **Ti** TITANIUM 47.867	23 **V** VANADIUM 50.9415	24 **Cr** CHROMIUM 51.9961	25 **Mn** MANGANESE 54.938	26 **Fe** IRON 55.845
37 **Rb** RUBIDIUM 85.467	38 **Sr** STRONTIUM 87.62	39 **Y** YTTRIUM 88.9058	40 **Zr** ZICRONIUM 91.224	41 **Nb** NIOBIUM 92.9063	42 **Mo** MOLYBDENUM 95.95	43 **Tc** TECHNETIUM (98)	44 **Ru** RUTHENIU 101.07
55 **Cs** CAESIUM 132.905	56 **Ba** BARIUM 137.327	57-71*	72 **Hf** HAFNIUM 178.49	73 **Ta** TANTALUM 180.94	74 **W** TUNGSTEN 183.84	75 **Re** RHENIUM 186.207	76 **Os** OSMIUM 190.23
87 **Fr** FRANCIUM (223)	88 **Ra** RADIUM (226)	89-103**	104 **Rf** RUTHERFORDIUM (267)	105 **Db** DUBNIUM (268)	106 **Sg** SEABORGIUM (271)	107 **Bh** BOHRIUM (272)	108 **Hs** HASSIUM (270)

*	57 **La** LANTHANUM 138.90	58 **Ce** CERIUM 140.116	59 **Pr** PRASEODYMIUM 140.90	60 **Nd** NEODYMIUM 144.242	61 **Pm** PROMETHIUM (145)	62 **Sm** SAMARIUM 150.36
**	89 **Ac** ACTINIUM (227)	90 **Th** THORIUM 232.0377	91 **Pa** PROTACTINIUM 231.03	92 **U** URANIUM 238.02	93 **Np** NEPTUNIUM (237)	94 **Pu** PLUTONI (244)

第一张元素周期表

第一张元素周期表是由俄国化学家门捷列夫制作的。

150周年

从1869年到2019年，元素周期表已经诞生150周年了。为了给元素周期表庆祝生日，联合国在2018年宣布，将2019年定为国际化学元素周期表年。

H

H

儿童科学历史百科全书

E OF THE ELEMENTS

						2 He HELIUM 4.0026
5 B BORON 10.811	6 C CARBON 12.011	7 N NITROGEN 14.007	8 O OXYGEN 15.999	9 F FLUORINE 18.998	10 Ne NEON 20.1797	
13 Al ALUMINIUM 26.981	14 Si SILICON 28.085	15 P PHOSPHORUS 30.974	16 S SULFUR 32.066	17 Cl CHLORINE 35.453	18 Ar ARGON 39.948	

28 Ni NICKEL 58.6934	29 Cu COPPER 63.546	30 Zn ZINC 65.38	31 Ga GALLIUM 69.723	32 Ge GERMANIUM 72.63	33 As ARSENIC 74.921	34 Se SELENIUM 78.971	35 Br BROMINE 79.904	36 Kr KRYPTON 83.798
46 Pd PALLADIUM 106.42	47 Ag SILVER 107.8682	48 Cd CADMIUM 112.414	49 In INDIUM 114.818	50 Sn TIN 118.710	51 Sb ANTIMONY 121.760	52 Te TELLURIUM 127.60	53 I IODINE 126.90	54 Xe XENON 131.293
78 Pt PLATINUM 195.084	79 Au GOLD 196.96	80 Hg MERCURY 200.59	81 Tl THALLIUM 204.38	82 Pb LEAD 207.2	83 Bi BISMUTH 208.98	84 Po POLONIUM (209)	85 At ASTATINE (210)	86 Rn RADON (222)
110 Ds DARMSTADTIUM (281)	111 Rg ROENTGENIUM (280)	112 Cn COPERNICIUM (285)	113 Uut UNUNTRIUM (284)	114 Fl FLEROVIUM (289)	115 Uup UNUNPENTIUM (288)	116 Lv LIVERMORIUM [293]	117 Uus UNUNSEPTIUM (294)	118 Uuo UNUNOCTIUM (294)

64 Gd GADOLINIUM 157.25	65 Tb TERIBIUM 158.92	66 Dy DYSPROSIUM 162.500	67 Ho HOLMIUM 164.93	68 Er ERBIUM 167.259	69 Tm THULIUM 168.93	70 Yb YTTERBIUM 173.054	71 Lu LUTETIUM 174.9668
96 Cm CURIUM (247)	97 Bk BERKELIUM (247)	98 Cf CALIFORNIUM (251)	99 Es EINSTEINIUM (252)	100 Fm FERMIUM (257)	101 Md MENDELEVIUM (258)	102 No NOBELIUM (259)	103 Lr LAWRENCIUM (262)

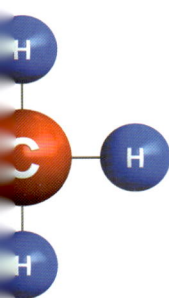

ne CH4

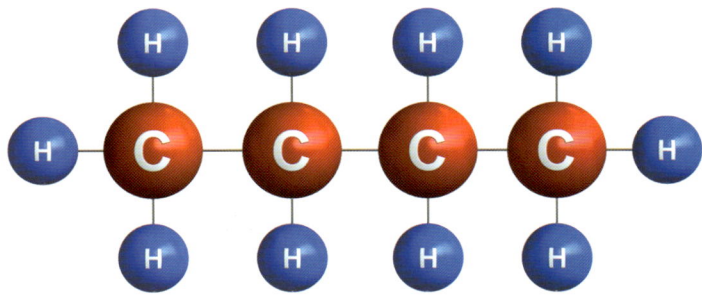

Butane C4H10

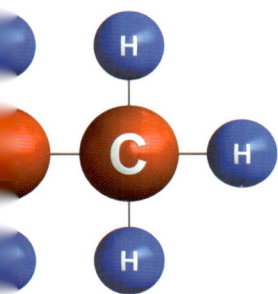

ane C2H6

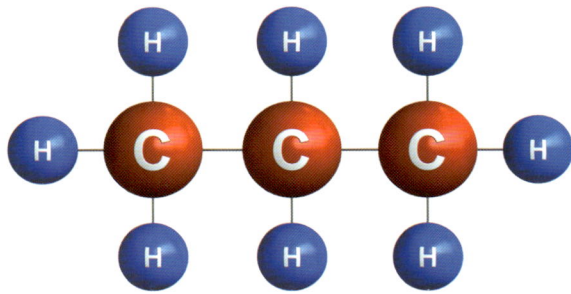

Propane C3H8

最早诞生的元素

氢、氦和锂是元素周期表中三种最轻的元素，它们也是宇宙中诞生最早的元素。据推算，这三种元素都诞生于宇宙大爆炸后仅一分钟左右的时间内。

汉弗里·戴维

英国化学家汉弗里·戴维是发现化学元素最多的科学家。1807年，他发现了钾和钠；1808年，他发现了钙、锶、钡、镁；1813年，他发现了碘，并制出碘化钾、碘酸钾等化合物。

超级家族

碳位于元素周期表的第二周期IVA族，它是元素中的超级家族，能够形成的化合物多达六百万种，包括最硬的金刚石和最软的石墨，而其他元素合成的化合物总共才几万种。

人工元素

人工元素也称为人造元素，是指用人工方法制造出的元素。人工元素多用加速器或核反应堆通过一定的核反应生成，多数具有放射性。在元素周期表中，带有"*"记号的元素就是人工元素。

43
Tc
Technetium
[98]
2
8
18
13
2

▶ 第一个人工元素

第一个人工元素是由美国物理学家劳伦斯制成的，经过意大利化学家西格雷和佩里埃的鉴定分析，将这个新元素命名为"锝"，希腊文的原意是"人工制造的"。

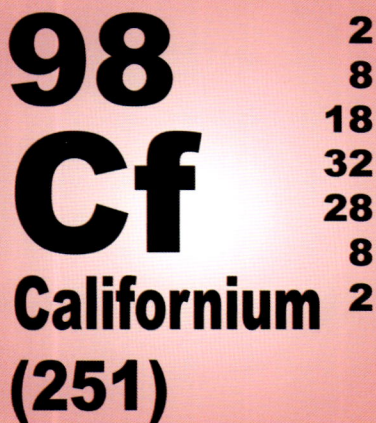

98
Cf
Californium
(251)
2
8
18
32
28
8
2

▶ 癌症克星

在人工元素中，锎-252被称为癌症的克星，医学研究发现，在患癌部位注射约几微克的锎-252，就能有效地杀死癌细胞，且对健康细胞的危害也比其他放射疗法小得多。

Dmitri M

多少种

截至目前，在已经发现的118种元素中，从92号铀元素往后，都是人工合成的元素，即人工元素，共有二十多种。

钔元素

钔是一种人工合成元素，原子序号为101，之所以将它命名为"钔"，是为了纪念发明元素周期表的俄国科学家门捷列夫，但这种元素并不是门捷列夫制造的，而是几位美国化学家于1955年首次研制成功的。

101
Md
Mendelevium
(258)
2
8
18
32
31
8
2

87
Fr
Francium
(223)
2
8
18
32
18
8
1

最昂贵

在已知的118种元素中，最昂贵的自然元素是钫，价格大约为每克10亿美元。最昂贵的人工合成元素是锎，每克约为2700万美元，相当于1.9亿元人民币。

元素墙

每个人都有收集的爱好，曾经的世界首富比尔·盖茨喜欢收集元素实体。在他的办公室里有一面元素墙，收集了除放射性元素外，所有的元素实体，也就是说基本上都是自然元素，少有人工元素。

相对论

相对论分为狭义相对论和广义相对论，是由物理学家爱因斯坦创立的。相对论和量子力学共同奠定了现代物理学的基础，是颠覆人类常识性观念的经典理论。

◈ 爱因斯坦

爱因斯坦生于德国，后移居美国，1905年创立狭义相对论，1916年在狭义相对论的基础上提出了广义相对论。据说爱因斯坦有个独一无二的大脑，智商高达160。在1999年美国《时代周刊》评选的"世纪伟人"中，爱因斯坦毫无悬念地位列第一。

◈ 爱丁顿

亚瑟·斯坦利·爱丁顿是英国著名的天文学家和物理学家，在爱因斯坦提出相对论的最初几年，在全世界范围内，只有爱丁顿一个人明白爱因斯坦在说什么，他是当时相对论的主要支持者和推广者。

▶ 先驱者

奥地利物理学家马赫在爱因斯坦之前，便提出了"运动、速度和加速度都是相对的"等理论，对相对论的提出有着不小的启发和促进作用，也因而被爱因斯坦称为"相对论"的先驱者。

▶ 光速不变

在狭义相对论中，光速不变是一条重要的理论。其指的是光在真空中的传播速度是一个常数，不会因外物改变而发生变化，这个数值永远是299792458米/秒，即约为每秒30万千米。

▶ 伯尔尼专利局

爱因斯坦大学毕业后一直没有找到合适的工作，直到1902年6月，在朋友的介绍下，他进入了瑞士的伯尔尼专利局，成为一名公务员。轻松的工作让他有时间去思考物理学问题，三年后，他发表了狭义相对论。

▶ 诺贝尔物理学奖

爱因斯坦以狭义相对论和广义相对论闻名于世，却并未因此而获得诺贝尔奖，反而因成功解释了光电效应，获得了1921年的诺贝尔物理学奖。

放射性

放射性是一种物理现象，有些物质的原子核不稳定，会发射出各种射线，如α、β、γ射线等，经过一定时间的衰变，形成稳定元素的现象就是放射性。这种现象广泛存在于人们的生活中，我们身边的很多物质都具有放射性。

12000年

20世纪初，居里夫人发现了两种放射性物质——钋和镭，由此发现了放射性并创立了放射性理论。然而，她使用过的所有物品，大到实验室房屋，小到笔记本、家具都受到放射污染，且这些污染将持续存在12000年。

放射性元素

放射性元素分为天然放射性元素和人工放射性元素。天然放射性元素包括钋、氡、钫、镭、锕、钍、镤和铀等；人工放射性元素有钚、镅、镉等。

切尔诺贝利

1986年，乌克兰切尔诺贝利核电厂的第四号反应堆爆炸，大量放射性物质泄漏导致将近8万人死亡，13万人因辐射致病，周围几十千米范围内至今无法居住。

最毒的放射性物质

世界上最毒的放射性物质是钋，是由居里夫妇发现的。它是一种银白色的金属物质，在自然界中存在极少，但可以人工合成，据测算，0.1克钋可使1000亿人死亡，钋的毒性是砒霜的4.86亿倍。

84
Po
Polonium
(208.9824)

2
8
18
32
18
6

衰变与半衰期

在放射性中常提到"衰变"这个词，它的意思是放射性元素放射出粒子后变成另外一种元素的过程，而衰变所需要的时间就是半衰期。例如，半衰期最长的是铀-238，约为45亿年，最短的是破-213，仅有125纳秒。

放射治疗

放射治疗简称放疗，是医学治疗的一种手段，主要用来治疗癌症，但这种辐射剂量必须非常小心地控制，因为它在杀死癌细胞的同时，对健康细胞同样危害很大。

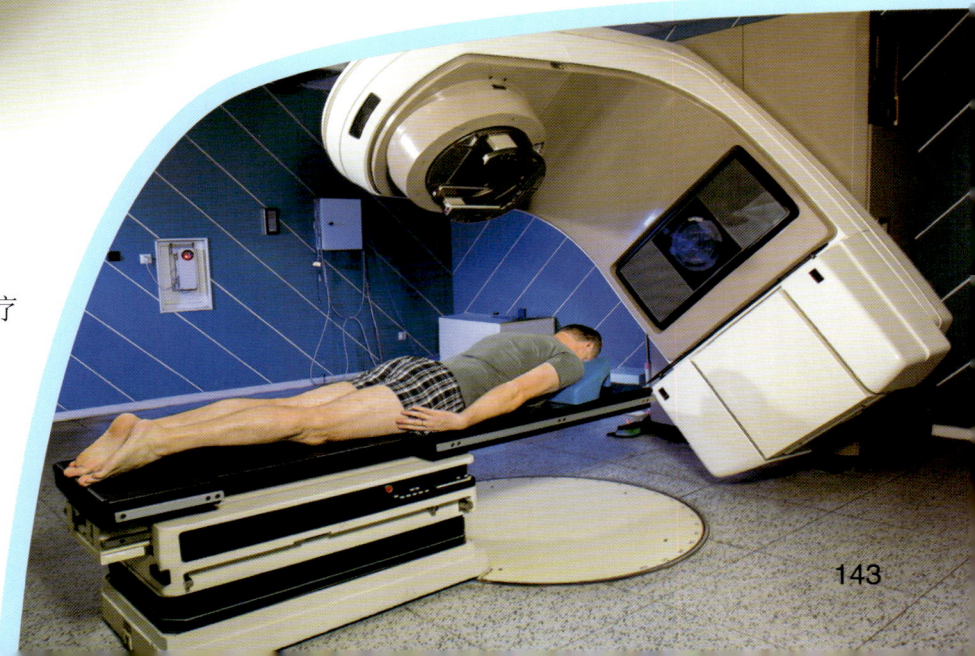

电磁辐射

电能量和磁能量共同组成电磁波，电磁波存在于很多现代物品中，如电波信号、微波炉、热辐射，以及医院中的X射线等，这些都会发出电磁辐射。

法拉第

说到电与磁，就不得不提法拉第，这位英国著名的物理学家经过多次实验，首次证实了磁也具有电流效应，这就是著名的电磁感应。法拉第这一伟大发现为后世的电磁理论奠定了坚实的基础。

捕捉电磁波

1886年，德国物理学家亨利希·赫兹在做放电实验时，首次捕捉到电磁波，确认了电磁波的存在，为了纪念赫兹的贡献，人们将频率的单位定为赫兹。

危害

目前，电磁辐射与水源、大气和噪声污染一起，被世界卫生组织列为危害人类健康的"隐形杀手"，是很多慢性病的致病诱因，因此，要正确使用电脑、手机等电子产品。

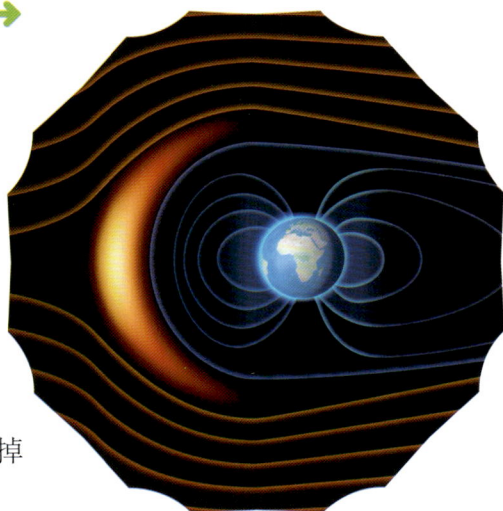

太阳

太阳是一个巨大的辐射源，但幸运的是，大气层就像一个隔离罩，把对人体有害的X射线、紫外线等基本都屏蔽掉了，只让可见光和热通过，给地球生物带来光明和温暖。

排序

人们能接触到的电磁辐射，按频率由低到高依次是无线电波、微波、红外线、可见光、紫外线、X射线、伽马射线及宇宙射线。频率越高，对人体的危害越大，但危害大的X射线和伽马射线多应用于医疗领域，一般接触不到。

伽马射线暴

伽马射线暴是一种电磁辐射，主要源于原子核的衰变，史上最强的伽马射线暴产生于2019年1月，它释放的光子能量在0.2万亿至1万亿电子伏特，总辐射能量超过了太阳在过去100亿年中释放能量的总和。

原 子

"原子"一词源于希腊语，意思是"不可分割"，因为在大约2500年前，希腊的哲学家们认为物质在被无数次分割后，会小到无法分割，也就是变成原子，那时，原子被认为是构成物质的最小单位。直到1897年，电子被发现，原子最小的概念被推翻了。

很小很小

原子是一种元素能保持其化学性质的最小单位，它很小很小，小到只能用功能非常强大的显微镜才能观察到。20亿个原子加起来，才和文本中句号的大小差不多。

生活中的原子

人们呼吸的氧气，其分子是由2个氧气原子结合在一起形成的，生存所必需的水，其分子是由2个氢原子和1个氧原子结合在一起形成的。

奇妙人体

人体大约由75万亿个细胞集合而成，而细胞是由很多个大分子构成的，大分子又是由很多分子构成的，分子是由许多原子组合而成的，所以构成人体的物质从小到大分别是原子、分子、大分子和细胞。

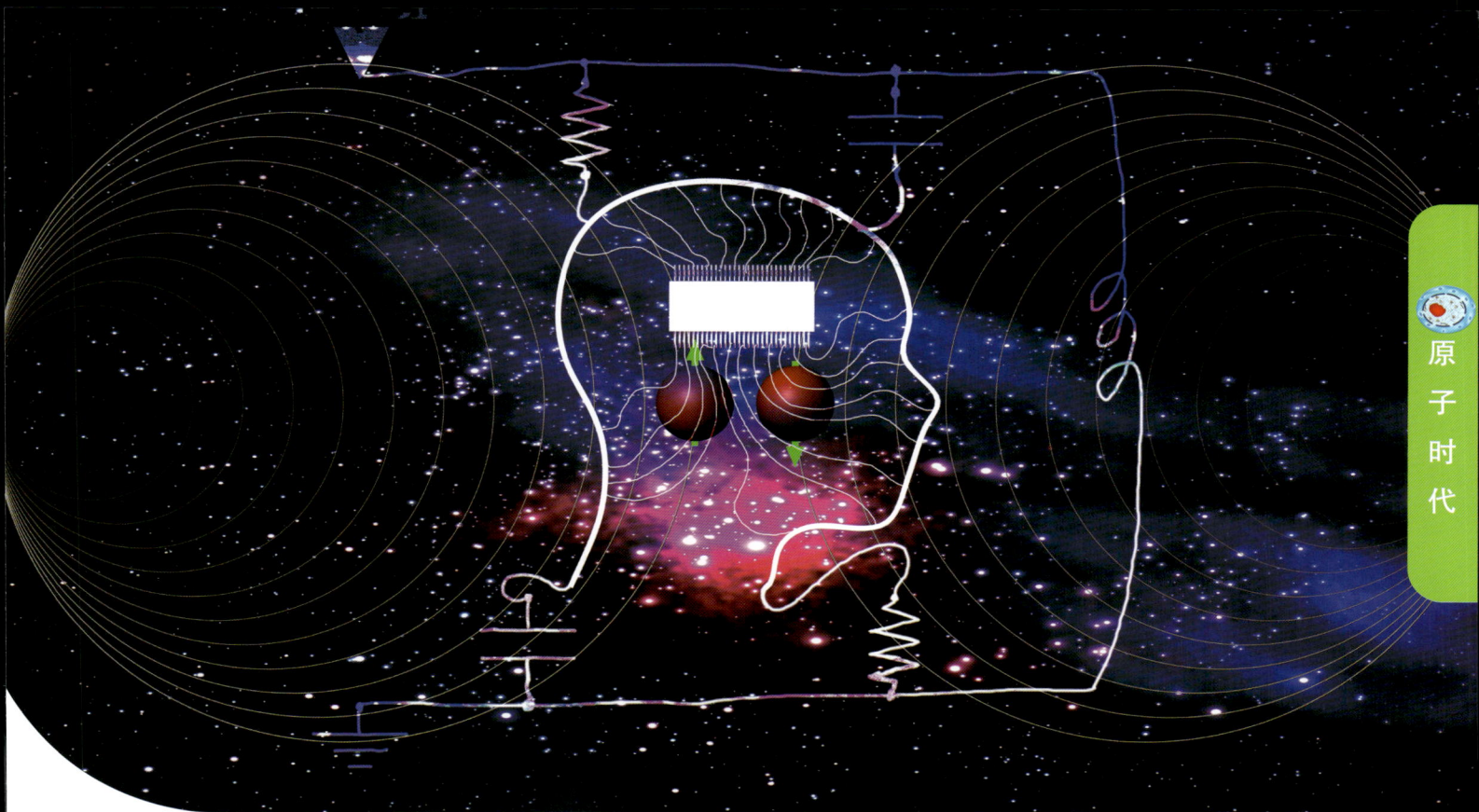

约翰·道尔顿

约翰·道尔顿是原子理论的提出者，他除了在化学方面颇有建树，还是优秀的物理学家和气象学家，尤其对气象观测极为痴迷。从1787年开始观测气象，直到临终前的几个小时他还在记录气象日志，共留下约20万字的珍贵气象资料。

原子核

原子核是原子的核心部分，它主要由质子和中子两种微粒构成。如果把原子看成一个足球场，那么原子核就像足球场中的一只小蚂蚁，足见原子核的体积是多么微小。

半秒误差

目前，原子钟是世界上最精确的计时仪器，如果它能从宇宙诞生时就开始运行，那么走到今天，误差最多也就半秒左右。

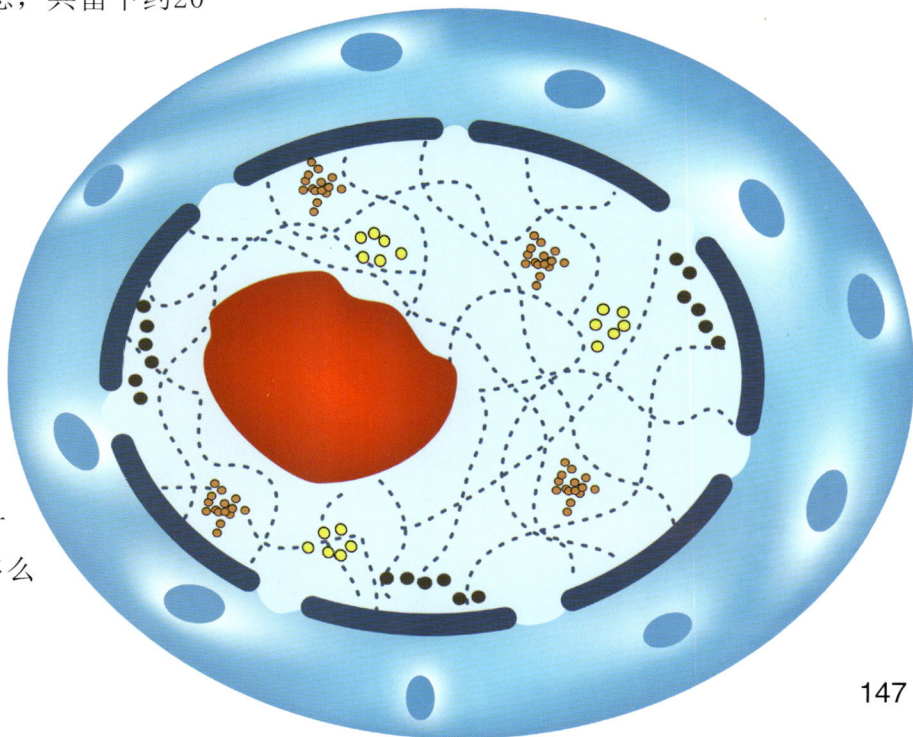

加速器

加速器也称为粒子加速器，全名是"荷电粒子加速器"，自从卢瑟福1919年首次实现元素的人工转变后，人类就一直想要变革原子核，但无奈天然放射性源的能量低，于是卢瑟福又提出了人工加速带电粒子来轰击原子核的构想，并开始研发粒子加速器。

儿童科学历史百科全书

☢ 第一台

1932年，在卢瑟福实验室工作的两位科学家成功研制了倍压加速器，这是历史上第一台直线型粒子加速器，这台加速器完成了第一次用人工加速粒子实现的核反应。

☢ 治癌利器

2019年，我国研制的重离子加速器采用独特的技术，将加速周长由161米缩短至56.2米，成为世界上医用重离子加速器中周长最小的，用这种加速器治疗癌症有很多突出优点，因此被誉为"治癌利器"。

☢ 原子大炮

1932年，美国物理学家劳伦斯发明了世界上第一台回旋加速器。这种加速器就像原子大炮，可以用极高的速度轰炸原子核，为人工制造新元素创造了更便利的条件，劳伦斯也因此获得了1939年的诺贝尔物理学奖。

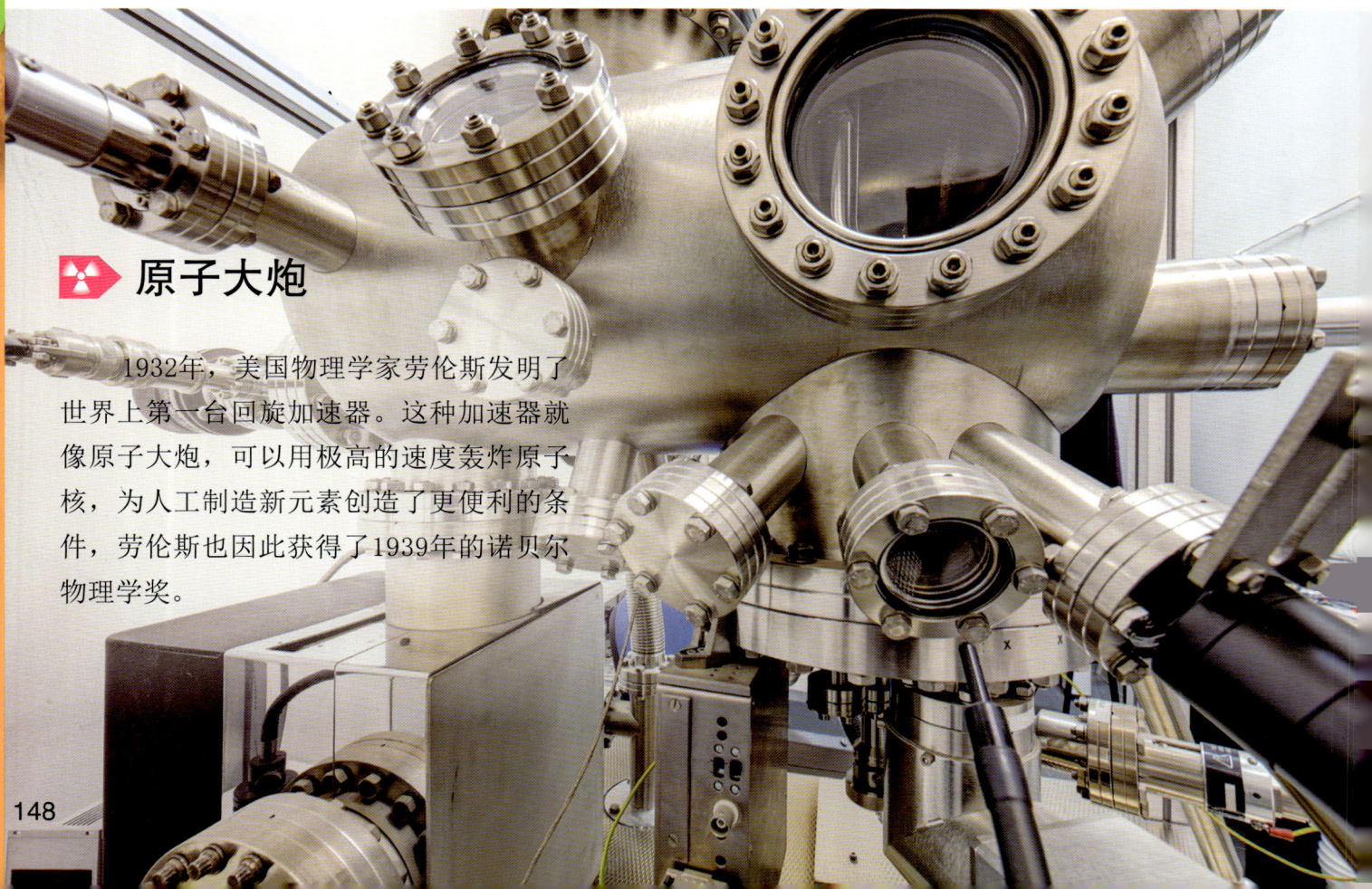

📡 基本粒子

粒子加速器的研发促进了粒子物理学的快速发展。最初，人们认识的基本粒子只有电子、质子、中子和光子，随着加速器的应用，基本粒子被不断发现，目前已有300多种。

☢ 消毒杀菌

其实，加速器离人们的生活并不遥远。从1984年开始，我国利用加速器的高能电子束等射线对大蒜、马铃薯、洋葱和肉制品等进行辐照，来达到保鲜、杀虫和灭菌等目的。

☢ 最大

世界上最大，能量最高的粒子加速器，位于法国与瑞士的交界处，它的名字叫作"大型强子对撞机"，即LHC。这台仪器可以制造出迷你版的"宇宙大爆炸"，给科学家们研究宇宙提供了更大的帮助。

大爆炸理论

在137亿年前，宇宙还是一个比原子还小的致密炽热的小球，随着一声爆炸，宇宙诞生了，它开始快速膨胀，直到现在，宇宙中的物质还在不断向外疾驰。这就是所谓的宇宙大爆炸理论，这一理论是由美国科学家伽莫夫在1946年首次提出的。

☢ 3分钟

在大爆炸发生3分钟的时候，原子相互结合形成氢气和氦气，3分钟后，我们周围的所有物质慢慢形成，虽然这只是假说，但3分钟创造一个世界足够神奇。

☢ 暴胀理论

暴胀理论是美国科学家阿伦·古斯在1980年提出的，它非常直观地给人们展示了宇宙在诞生之初的暴胀过程。宇宙从最初的一亿亿亿亿分之一毫米，瞬间膨胀到了百分之一毫米，体积增大了1090倍。

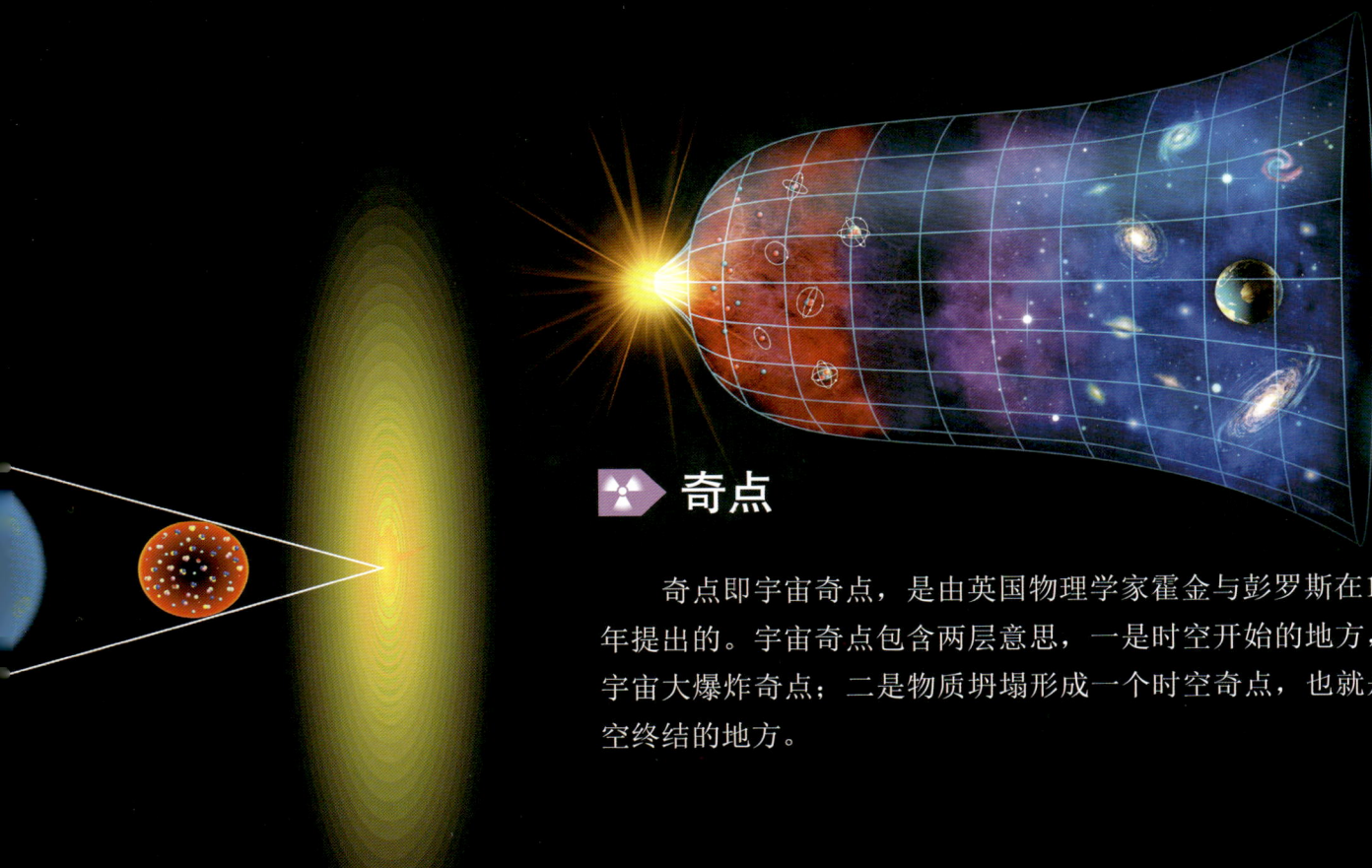

☢ 奇点

奇点即宇宙奇点，是由英国物理学家霍金与彭罗斯在1970年提出的。宇宙奇点包含两层意思，一是时空开始的地方，即宇宙大爆炸奇点；二是物质坍塌形成一个时空奇点，也就是时空终结的地方。

☢ 第一种物质

国外的一项科学实验显示，大爆炸发生后，出现的第一种物质是"夸克－胶子等离子体"。它在大爆炸后的第一个微秒内产生，只存在了一瞬间。

☢ 泡泡宇宙假说

大爆炸理论是宇宙学的主流理论，除此之外，关于宇宙的起源，还有著名的泡泡宇宙假说，它是由美国科学家安德烈·林德提出的。林德认为，泡泡的撞击产生了宇宙，而且，随着新的撞击发生，也会产生新的宇宙。

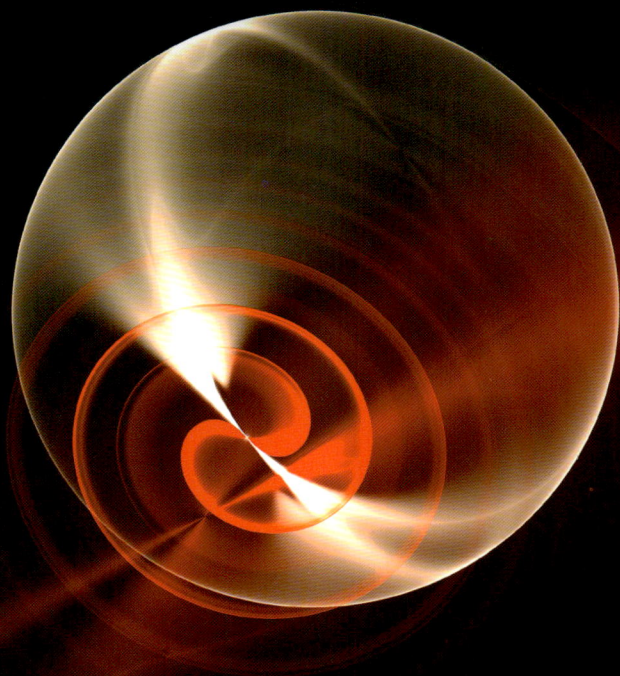

☢ 最高温度

在大爆炸发生的一瞬间，温度高达1.4×10^{32}普朗克，普朗克是绝对至高温度的单位，这一数值折换成标准温度是1.4亿亿亿亿摄氏度。

暗物质

暗物质是一种存在于宇宙当中却又看不见的物质，据推测，它很可能是宇宙的主要组成部分，质量远远大于全部可见天体质量的总和。

▷ 是什么

暗物质到底是什么，科学家们有很多猜想，它可能是宇宙空间中的气体，也可能是随风飘散的尘埃，甚至可能是黑洞或"死星"，还可能是中微子。其中最后一种备受科学界的青睐，因为它是确实存在的。

▷ 黑洞

科学家们观察发现，在宇宙大爆炸后8亿年，就已经形成了超大质量的黑洞，有研究猜测，这些黑洞可能是由暗物质直接形成的。

儿童科学历史百科全书

构成

宇宙是由三部分构成的，暗物质、正常物质和暗能量。其中，暗能量所占比重最多，约为68.3%，暗物质其次，占26.8%，正常物质包括我们身边的所有物质，仅占4.9%。

悟空号

"悟空"号是我国第一颗空间天文卫星"暗物质粒子探测卫星"，它现在正在距离地球500千米的轨道上，以日行65万千米的速度，探寻着神秘的宇宙物质。

普通物质

在宇宙中，由原子组成的物质，如空气、水、岩石、恒星、星系、地球、太阳，以及人类自己和我们周围的花草树木等，都称为普通物质。

名字

瑞士天文学家弗里茨·兹威基通过实验，发现宇宙中还有我们看不见的物质。他给这种看不见的物质起名为"Dark matter"，这就是暗物质名字的由来。

核裂变

核裂变也称核分裂，是一个原子核分裂成几个原子核的变化过程。但并不是所有元素的原子核都能进行裂变，必须要质量非常大的原子核，如铀、钍等元素的原子核。

☢ 核能

原子核裂变后，释放出的巨大能量称为原子能，也叫核能。它是人类世界最有开发前景的新能源，经过计算，1克铀-235裂变后产生的核能相当于燃烧2.5吨煤所释放的能量。

☢ 原子弹之母

莉泽·迈特纳是奥地利著名的女物理学家，她一生中最伟大的成就就是正确解释了核裂变的原理，计算出了核裂变会释放的巨大能量，并将这一过程命名为"核裂变"，她也因此被誉为"原子弹之母"。

☢ 核试验

据相关统计，迄今为止地球上已经记录到了2053次核试验，美国为1093次，占一半以上，是全球进行核试验最多的国家。

☢ 一颗原子弹

制造一颗原子弹，至少需要铀11—15千克，第二次世界大战中的原子弹"小男孩"，用了64千克铀-235，12.8千克铀-238和铀-234。

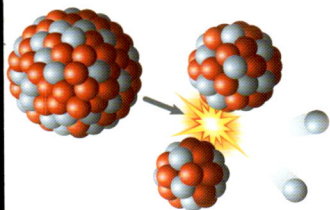

☢ 最大铀矿

澳大利亚是世界上铀矿储量最丰富的国家，但世界上最大的铀矿并不在澳大利亚，而是位于南非纳米比亚的湖山铀矿。

☢ 核电站

核电站是将裂变产生的核能转变成电能的设施，目前世界上最大的，且在运行中的核电站是位于韩国釜山的古里核电站，我国的秦山核电站和加拿大的布鲁斯核电站分别居于世界第二位和第三位。

曼哈顿计划

第二次世界大战期间，由西方多国共同参与的研究核武器的计划，因主要办公区位于纽约市曼哈顿区，所以被称为"曼哈顿计划"。

第一次核爆炸

1945年7月16日，在美国新墨西哥州的阿拉莫戈多试验场，世界第一次核爆炸成功，这意味着耗时三年的曼哈顿计划取得了实质性的成果。

原子弹之父

美国物理学家罗伯特·奥本海默被称为"原子弹之父"，他是曼哈顿计划中的主要科研负责人，与爱因斯坦、西伯格、玻尔、费米、冯·诺依曼等多位科学界大咖共同促成了这次核研究计划。

☢ "小男孩"与"胖子"

第一次核爆炸成功后，美国先后又制造出两颗实用原子弹，分别取名为"小男孩"与"胖子"，在1945年8月，这两颗原子弹分别投放在了日本的广岛和长崎。

☢ 唯一华人

在参与曼哈顿计划的科研人员中，有一位来自中国的物理学家，她就是有"东方居里夫人"之称的吴健雄。她率先验证了宇称不守恒，是世界上最杰出的实验物理学家之一，1994年，当选为中科院首批外籍院士。

U-235

☢ 铀-235

铀-235是自然界中目前唯一能发生可控裂变的铀元素的同位素，主要用作核燃料，是制造原子弹的主要材料之一。

☢ 核武器

核武器主要分为两类，即原子弹和氢弹，通过原子核裂变产生巨大破坏力的是原子弹，而通过原子核聚变产生破坏力的是氢弹。在第一颗原子弹爆炸成功后9年，即1954年，美国在太平洋的比基尼珊瑚礁上成功爆炸了第一颗氢弹。

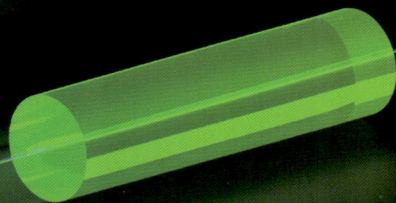

核聚变

核聚变是核反应的一种，它是由比较轻的原子核融合而生成较重的原子核，且释放出巨大能量的过程，通常用于核聚变的元素有氘、氚等。

发现

核聚变是由澳大利亚科学家马克·欧力峰发现的。1932年，他在进行实验时，发现核聚变公式。1950年，他又在澳洲国立大学成立了等离子体核聚变研究机构，专门探索核聚变的未来发展。

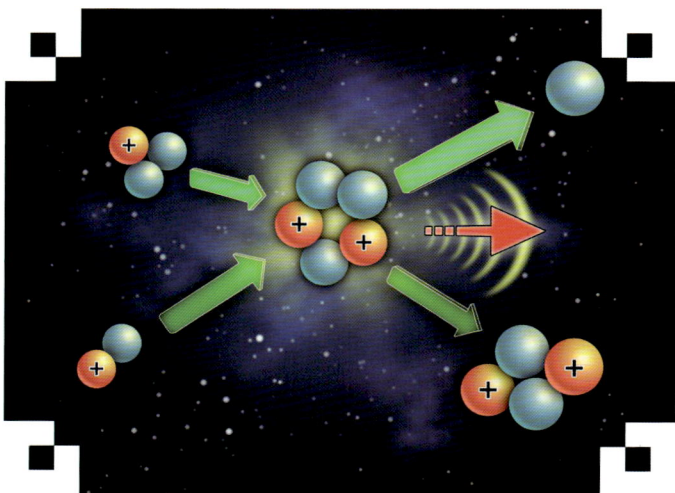

人造太阳

在宇宙中，最大的核聚变能量源是太阳，太阳核心处，氢核之间频繁地进行碰撞，氢核变成氦核，太阳发光发热。依据这一原理，科学界出现了新的研究课题，在地球上制造一颗"人造太阳"。

海水

用于聚变的氘和氚主要存在于海水中，据估算，1升海水中提取的氘核聚变后，能产生相当于300升汽油释放的能量，而地球上海水资源相当丰富，这无疑是给人类最美好的馈赠。

零辐射

与核裂变相比，聚变几乎不会带来放射性污染等环境问题，科学家明确表示，在氘氚反应中所产生的辐射用一张纸就可以屏蔽，而在氘氦反应中，则完全不会产生任何辐射。

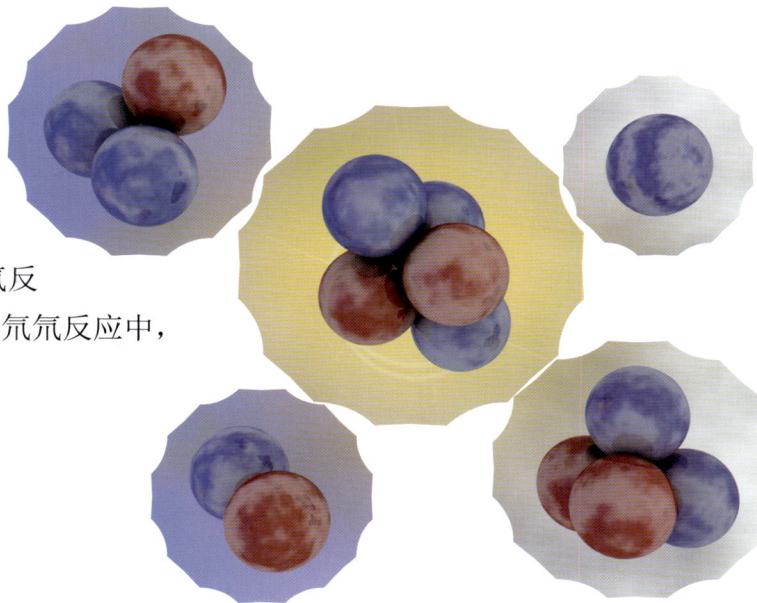

氢弹之父

美国物理学家爱德华·泰勒被誉为"氢弹之父"，以他的名字命名的爱德华·泰勒奖是世界聚变能源领域的最高奖项。

聚变核电站

虽然与核裂变相比，聚变有更多的优势，但迄今为止，世界上还没有已经建成的核聚变电站。目前在建的核聚变发电装置位于法国马赛，或许在不久的将来就会为人类提供服务。

核磁共振

核磁共振是一种医学上常见的影像检查方式，也称MRI。因核磁共振机器中不会使用有辐射的放射源，因此不会产生辐射，对人体健康没有影响。

检查

在医院进行核磁共振检查时，患者只需要在耳朵里塞上棉花，躺进一个圆桶一样的检查仓内即可，全程需要10—20分钟时间，核磁共振多用于脑部、脊髓、骨骼和四肢的检查。

100分贝

做核磁共振时，医生会给患者戴上耳机，或是往患者耳朵里塞棉花，这是因为检查中仪器会发出约100分贝左右的噪声，很像是一台凿岩机工作时的动静。但不必担心，超过110分贝才会给听力带来危害。

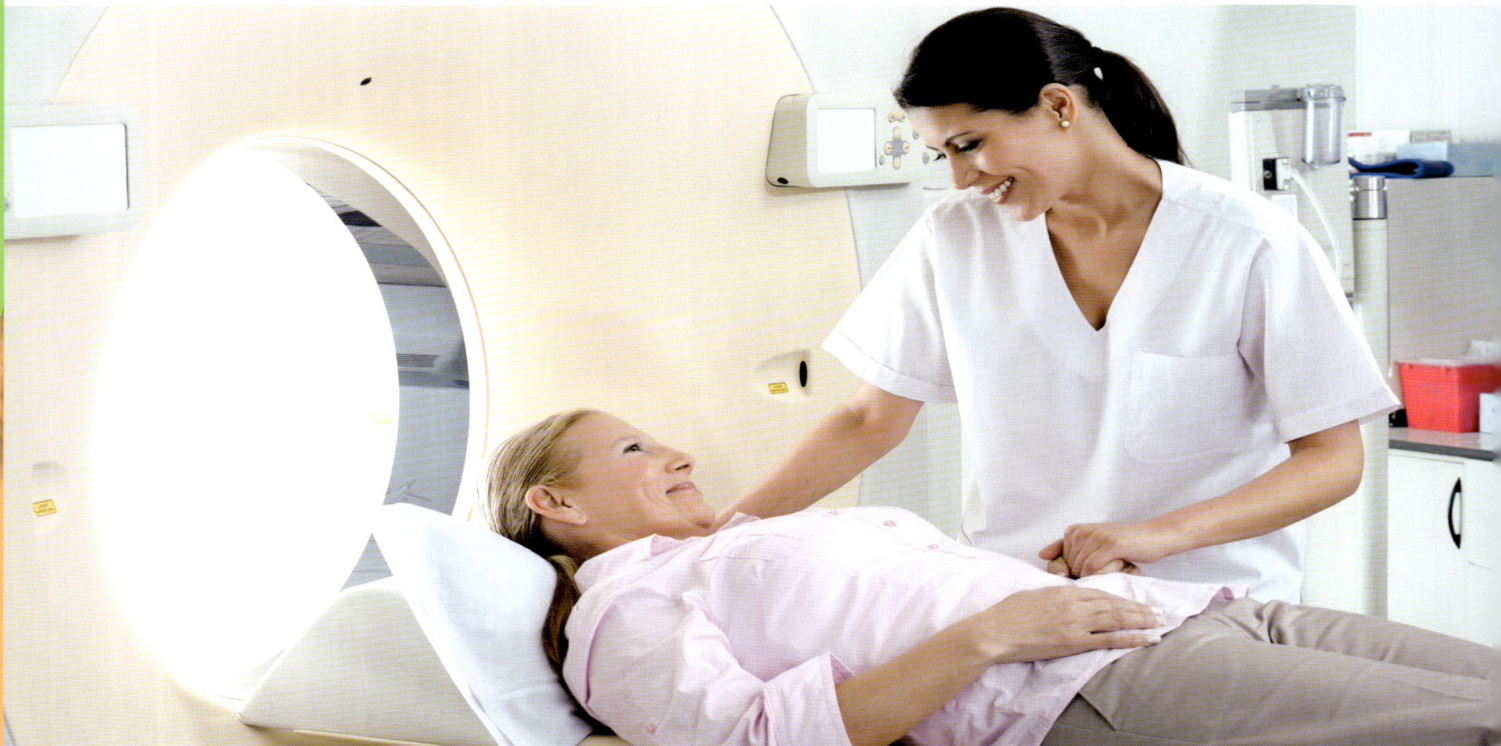

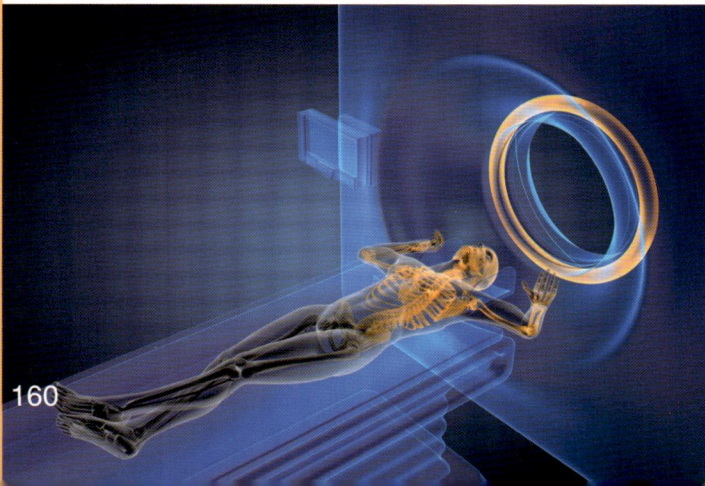

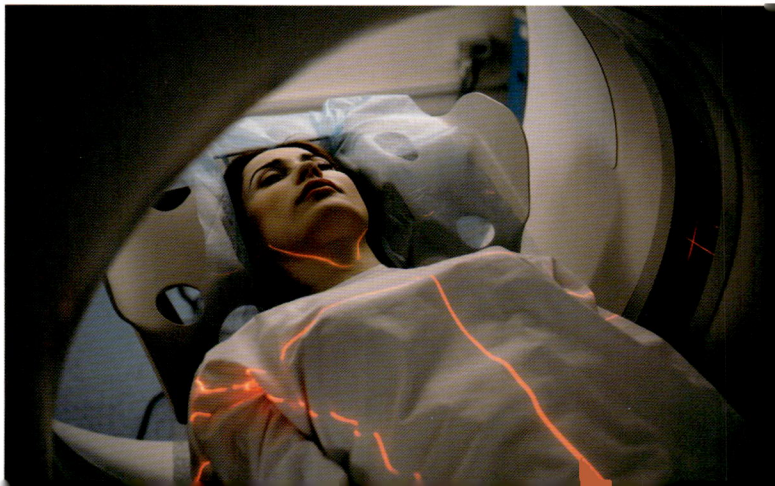

此"核"非彼"核"

核磁共振中的核是指患者体内的氢质子核，众所周知，人体是由碳、氢、氧、氮、磷、硫、钾、钠等元素组成的，这里的核是自身物质，而非具有放射性的核物质。

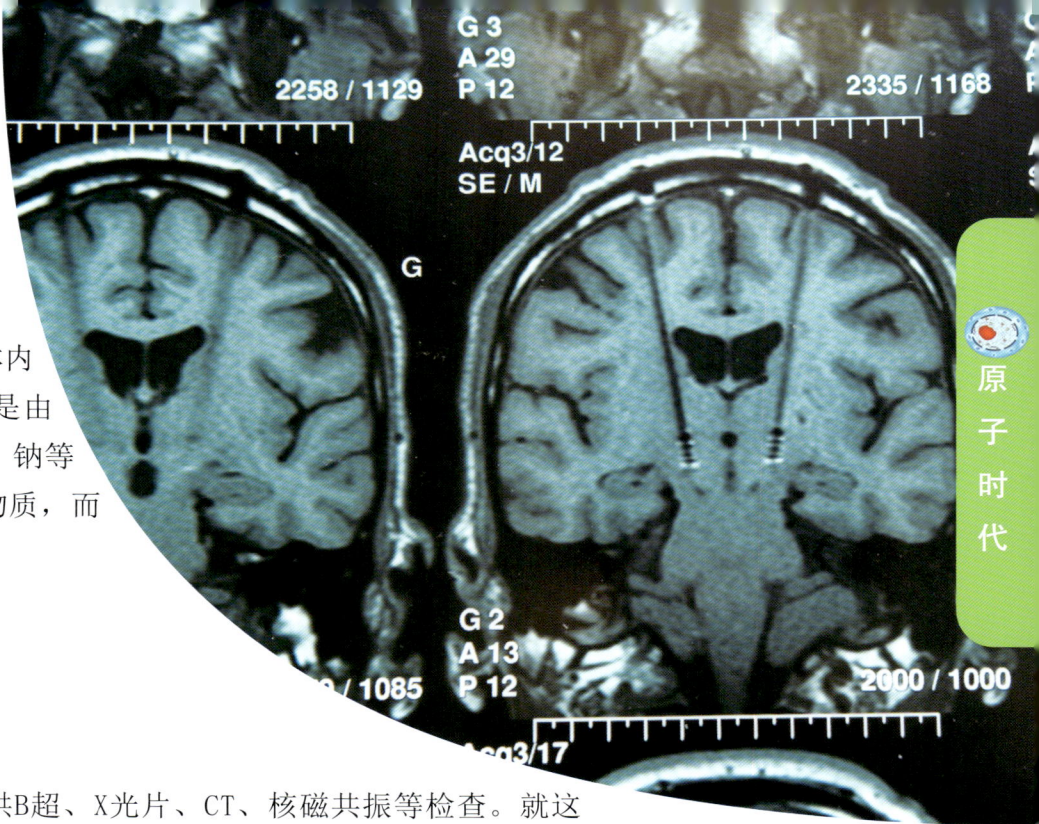

放射科

医院的放射科会为患者提供B超、X光片、CT、核磁共振等检查。就这四项检查而言，B超和核磁共振是完全没有辐射的，X光片的辐射量极小，CT相对高一些，但单次检查的辐射量对人体远构不成伤害。

诺丁汉的橙子

人类历史上，第一次做核磁共振的并不是人，而是一个橙子，这幅被称作"诺丁汉的橙子"的核磁共振图像拍摄于1973年。但此时这项技术并未应用到医学领域。直到1977年7月3日，第一幅人体核磁共振图像被拍摄出，这标志着核磁共振开始应用于医学领域。

马克一号

世界上第一台全身核磁共振仪是由英国科学家约翰·马拉德在20世纪70年代末研制出来的，并将它命名为"马克一号"，这台仪器分别在两个医院里工作了将近15年。

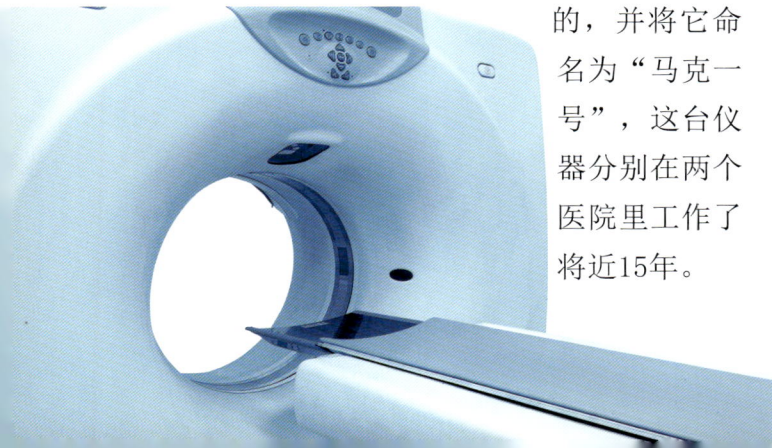

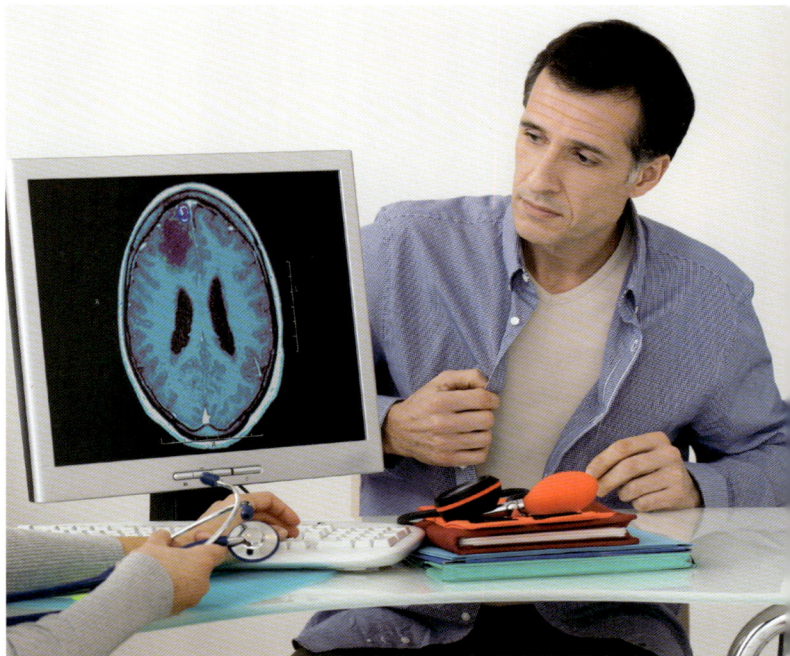

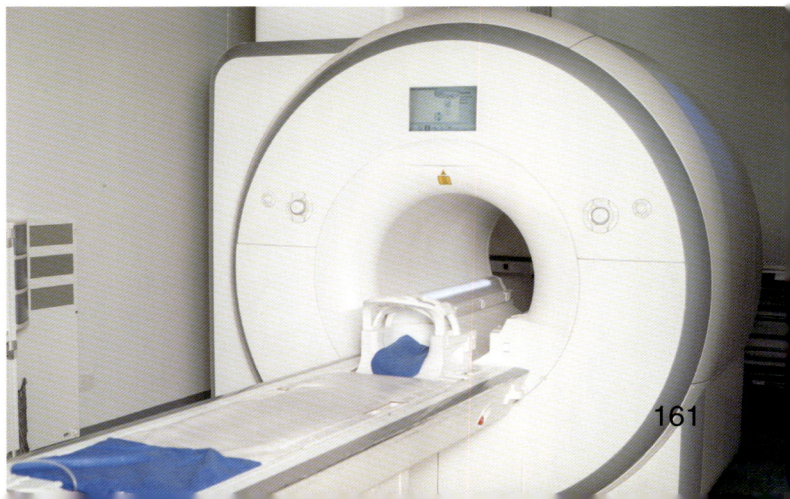

161

中微子

中微子是一种粒子，它是暗物质的一个实体候选者，在宇宙中是已知存在的，而且数量非常多，多数中微子没有光亮，极轻极小，仅有非常微弱的电磁作用。

幽灵粒子

中微子广泛存在于宇宙各处，每秒钟都会有1万亿个穿过我们的身体，却使我们毫无察觉，因此像鬼魅一样的中微子也被称为"幽灵粒子"。

62种

物质由62种基本粒子构成，这些粒子主要分为两类，即费米子和玻色子。费米子分为夸克和轻子两类，而我们所说的中微子就属于轻子，它和电子都是构成物质的基本粒子。

命名

1930年，奥地利物理学家沃尔夫冈·泡利在研究β衰变过程中，发现有部分能量丢失了，他认为有"小偷"偷走了这部分能量，小偷被他称为"中子"。1933年，随着真正的中子被发现，意大利物理学家费米将泡利口中的中子正名为"中微子"。

穿透力

X射线在没有屏蔽的情况下，能辐射十几米，伽马射线能穿透混凝土墙壁，但这都比不过中微子。中微子有超强的穿透力，它可以轻松穿透人体、墙壁、山体，甚至地球和各个星体。

冰立方

"冰立方"位于南极洲，是目前世界上最大的中微子望远镜，它被设置在一立方千米的纯冰内，随时等待着中微子现身。

最小

中微子是基本粒子之一，基本粒子是已知的最小粒子，不能再像原子那样被分割了。中微子有三种类型，其中电子中微子质量最小，仅为电子质量的七万分之一。

量 子

与牛顿的经典物理学存在根本区别的是现代物理学，而量子就是现代物理学中的重要概念。量子化是描述微观世界的，这一概念最早是由马克斯·普朗克于1900年提出的。

是粒子吗

单从名字上看，量子似乎与原子、电子、质子、中子等一样，更像是一种宇宙中的微观粒子。然而它并不是粒子，而且跟粒子一点关系也没有。简单地说，量子是一种单位，是不可以分割的最小的单位。

量子计算机

量子计算机是一种能进行高速运算和信息处理的设备，它的显著特点是运算速度极快。分解一个300位的数，用现代的计算机可能需要十几万年的时间才能完成，但使用量子计算机的话，几秒钟就能轻松搞定。

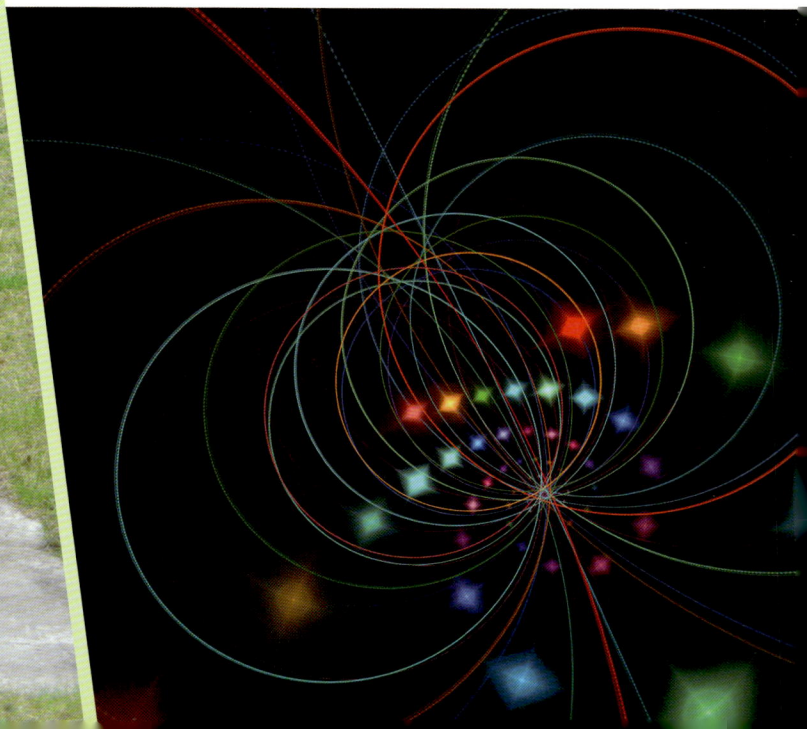

MAX PLANCK

量子科技

量子科技说起来难懂，但物化到周围的世界，晶体管、固态硬盘、电子显微镜等，这些科学成果都是量子技术的代表作品。

现代物理学之父

虽然量子论不是爱因斯坦首先提出的，但他将量子概念积极运用到了光电效应中，并解释了光的波粒二象性。现代物理学的两大支柱——相对论与量子力学，都与爱因斯坦有着直接且重要的联系，因此他被誉为现代物理学之父是毋庸置疑的。

埃尔温·薛定谔

奥地利物理学家薛定谔是量子力学的奠基人之一，他提出的著名思想实验"薛定谔的猫"告诉我们，除非进行实际观测，否则一切都是不确定的。

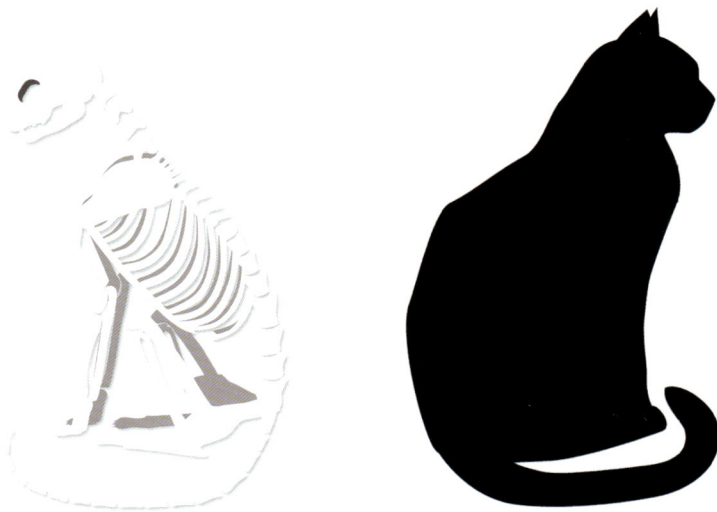

《时间简史》

《时间简史》是一本20世纪享誉全球的物理学科普读物，作者是英国物理学家斯蒂芬·威廉·霍金，书中提到了黑洞理论和大爆炸理论，其中黑洞理论是量子论和热力学的完美统一。

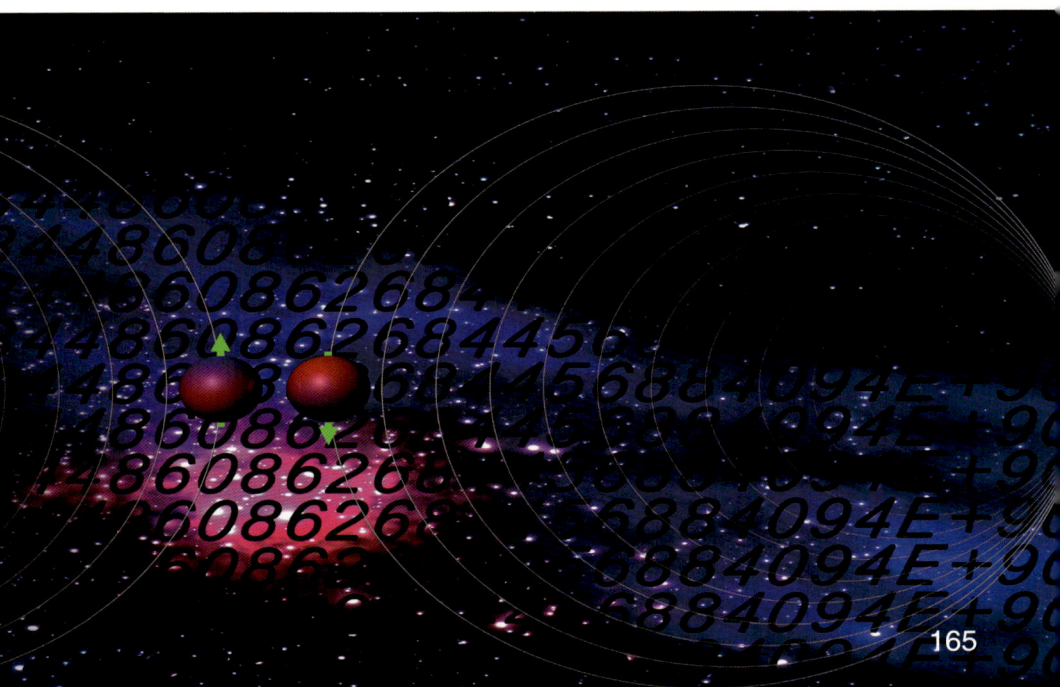

太空时代

充满神奇与超越的20世纪，人类依靠高度发达的科学技术飞上了高空，进入了遥远的太空，潜入了无边的深海，去探知宇宙中每一个未解之谜，揭开星辰与大海的面纱。

飞行器

在地球大气层中飞行和在太空中飞行的所有器械都可以称为飞行器。在大气层中飞行的器械是航空器，如飞机、飞艇、热气球等；在太空中飞行的器械称为航天器，包括人造卫星、载人飞船、探测器等。除此之外，火箭和导弹也属于飞行器。

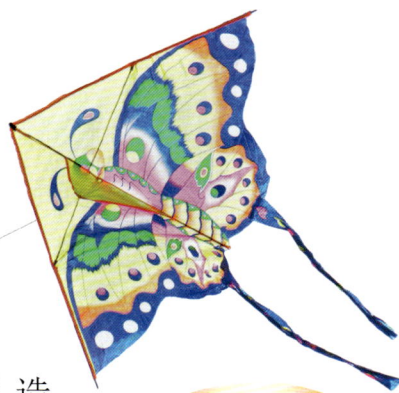

最早

世界公认最早的飞行器是我国的风筝，第一只风筝据说是由墨子制造的木鹞，后来他的弟子公输班又制造出木鹊，在空中飞了两三天。到东汉时期，蔡伦发明造纸术后，风筝变成了纸制品，即纸鸢。

载人飞行器

1783年6月，法国的蒙特哥菲尔兄弟制成了一只热气球，且在里昂的安诺内广场上空飞行了1.5英里（1英里≈1.61千米）。同年11月，兄弟俩又进行了世界上第一次热气球载人飞行，这次试验非常成功，首次实现了人类飞上天空的梦想。

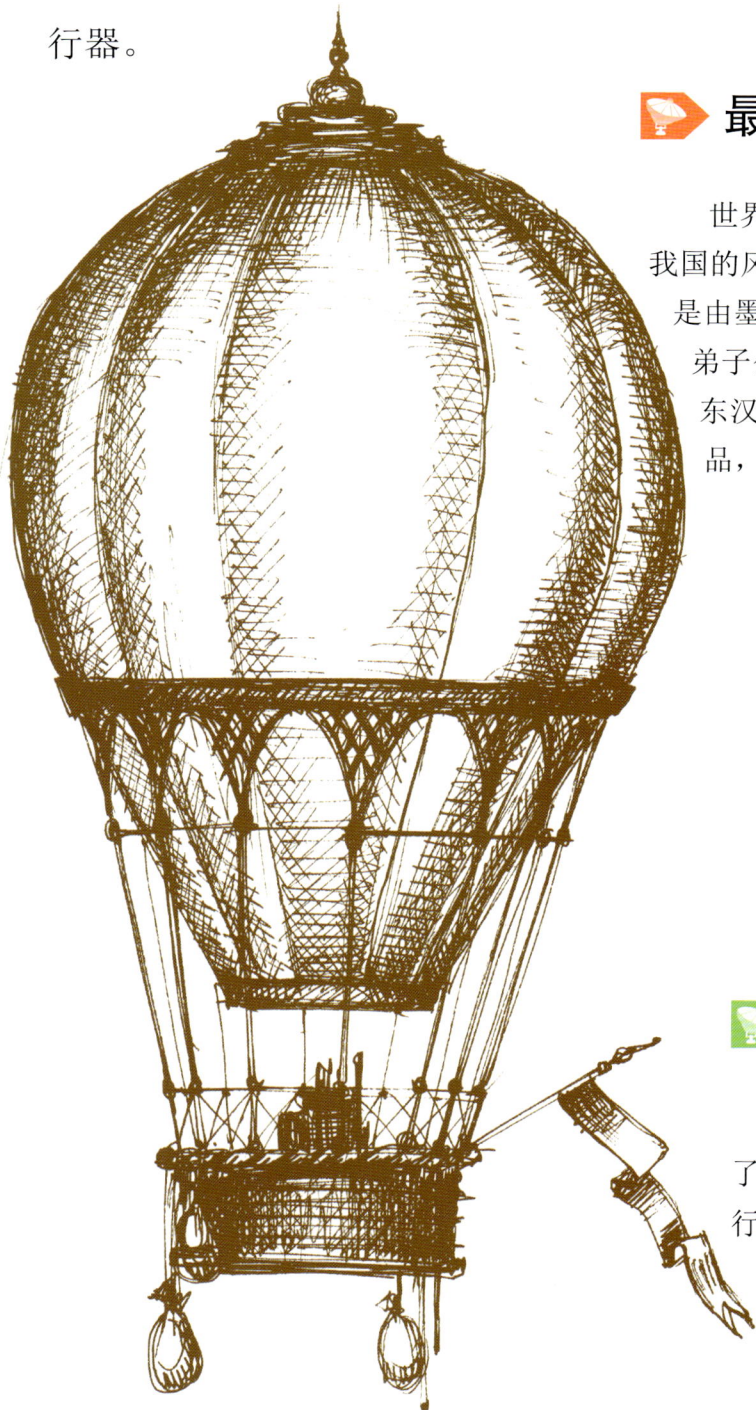

最快

世界上最快的飞行器是一架探测器，它是1976年1月15日由美国航天局发射的"太阳神2号"，这架探测器的最大飞行速度为252792千米/小时。

最远

1977年发射的"旅行者1号"无人太空探测器是目前飞行距离最远的飞行器，截至2017年，它已经飞行了36年，距离地球约187亿千米，离开太阳系，进入了星际空间。据科学家介绍，飞行器上的电池够它遨游到2025年。

最大

全球最大的飞行器是由英国制造的，它是一艘全长92米、宽44米、高30米左右，载重量为1万千克的飞艇，这架飞艇于2016年8月试飞成功，它既可以在天空中飞行，又可以行驶在水面上。

最广

世界上飞行范围最广的飞行器是宇宙探测器，目前，探测器已经造访了太阳系的八大行星，而我们人类仅仅登上过月球。

飞 机

飞机是20世纪初期科技史上的重大发明之一。它重于空气，依靠发动机的推力和机翼的升力飞行，根据用途不同，分为军用飞机和民用飞机两类。

第一架飞机

1903年12月17日，美国莱特兄弟制造的"飞行者1号"在北卡罗来纳州试飞成功，这是人类历史上的第一架飞机。

世界最大飞机

An-225运输机是世界上最大的飞机，它的长度为84米，翼展为88.4米，高18.1米，最大载重为250吨，飞行的最高速度为850千米/小时。这架飞机是为太空计划而造的，任务结束后，便开始担任运输机的角色，曾在2020年4月，从中国运输700万个医用口罩及其他医疗物资送往波兰。

📡 空客A380

空客A380是目前世界上最大的民用客机,有"空中巨无霸"之称,最多可以承载850人,截至2019年2月,世界上共有235架A380执行飞行任务,其中阿联酋是拥有此机型最多的国家。

📡 最大机场

位于阿拉伯达曼的法赫德国王机场是世界上面积最大的机场,总占地面积约为776平方千米,比2019年9月通航的北京大兴国际机场至少大5倍。

📡 使用最多的飞机

世界上使用频率最高的飞机不是客机、战斗机或轰炸机等,而是训练飞行员的教练机。教练机的座舱都是双座,且有两套一模一样的操作系统,每一位飞行员都使用过它。

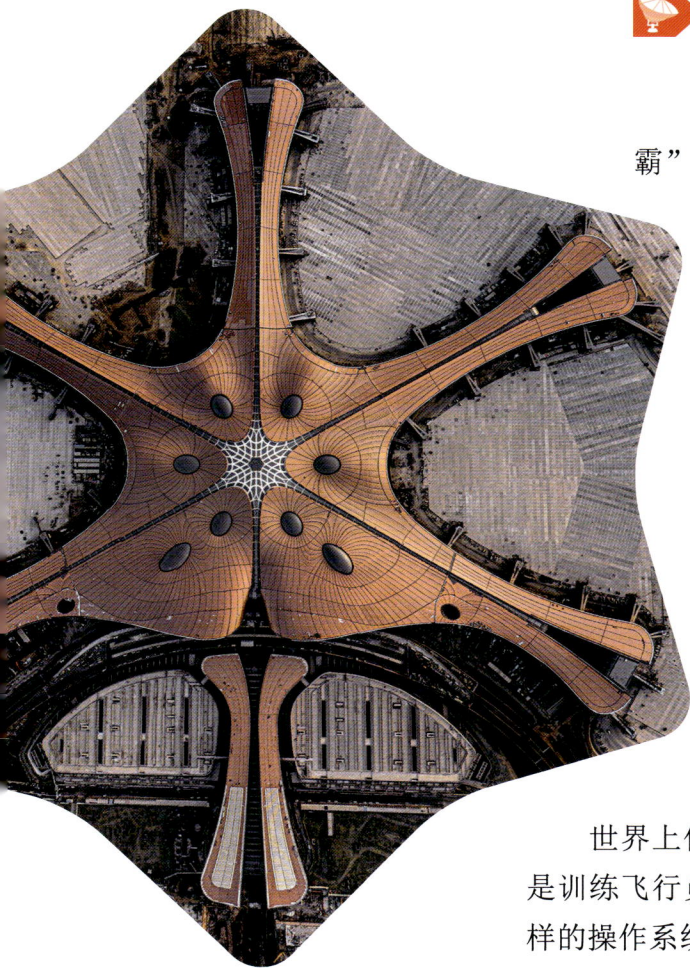

📡 中国航空之父

1909年,我国飞行设计师冯如驾驶自己设计制造的飞机,在美国完成了首次载人飞行。1911年,冯如回国,制造了中国历史上第一架飞机,揭开中国航空史上的第一页,他也因此被誉为"中国航空之父"。

直升机

相比较固定翼飞机而言，直升机具有更高的自由度，它可以在各种地方起飞或降落，既不需要专门的跑道，也不需要巨大的飞行空间，同时，它可以出色地完成运输、巡逻、救援等多项工作。

第一架

1907年，法国人保罗·科尔尼研发制造了第一架自由飞行的纵列式双旋翼直升机，但直升机真正投入使用，是在朝鲜战争和越南战争的战场上。

最大

世界上最大的直升机是苏联生产的米-12"信鸽"重型运输直升机，主旋翼直径35米，机身长37米，货舱长28米，可以运送中型火炮和坦克。

最小

全球最小的军用直升机只有一个香烟盒那么大，它是挪威研制的PD-100黑色大黄蜂。在这架直升机上，安装有微型数码相机，主要用来侦查敌方动向，检查危险区域等。

电动直升机

美国Brammo公司曾在一架罗宾逊R44直升机上安装电池和马达，首次实现了直升机的电动化。改装后的R44载重272千克，续航55千米，在空中总共停留了20分钟，虽然数据比使用燃油的R44相差甚远，但仍是一次巨大突破。

直升机战争

20世纪60年代初，美军出动3.6亿余架次直升机前往越南战场，其中真正投入战争的有4000多架。据统计，当时每位飞行员日飞行时间长达13小时，每架直升机月飞行时间则超过200小时。因此，越南战争也被称为"直升机战争"。

导 弹

导弹是第二次世界大战后期发展起来的一种武器，它自身携带装有炸药的弹头，由自身动力驱动前进，并由制导系统控制飞行来摧毁目标。导弹的特点是射程远、精准度高，而且威力巨大，是现在军事领域的狠角色。

最早

1944年，德国成功研制了V-1火箭，因这架火箭外形像无人驾驶的飞机，又称飞机型导弹。V-1火箭是世界上最早的战术导弹，现代导弹多是以它为雏形设计的。

飞毛腿导弹

飞毛腿导弹是目前世界上资历最老、最普及的导弹之一。它是20世纪50年代苏联研制的地对地战术导弹，多用来攻击敌方的机场、指挥中心和交通枢纽等大型建筑群。

儿童科学历史百科全书

射程比拼

俄罗斯的"撒旦"SS-18导弹能够有效打击12070千米以内的目标，但美国"大力神"导弹的射程则为16669千米，比"撒旦"还要远4500千米左右。

最快

"大力神"Ⅱ型洲际弹道导弹是世界上速度最快的导弹，飞行速度可达27360千米/小时，它由马丁公司于1960年研发制造，曾被安置在亚利桑那州、堪萨斯州和阿肯色州的三个空军基地内。

最慢

由法国北方航空公司研制的SS-10反坦克导弹是世界上速度最慢的导弹，最大飞行速度仅有285千米/小时，这种导弹用来攻击坦克、装甲车等地面小型目标，现已退役。

钱学森

1960年11月5日，我国制造的第一枚近程弹道导弹——"东风一号"在酒泉发射场试验成功，领导这一项目的科学家便是有"中国航天之父"及"中国导弹之父"美誉的钱学森先生。

火 箭

火箭是一种喷气式推进装置，既可以在大气层内飞行，也可以在大气层外飞行。主要用来探索太空以及运载卫星和宇宙飞船等，是目前唯一能摆脱引力束缚，达到宇宙速度的飞行器。

▶ 火箭之父

美国物理学家罗伯特·戈达德从1922年开始研究火箭，直到1935年，他研制的火箭飞行高度冲破20千米，且时速超过1103千米，首次实现了人造飞行器的超声速飞行。戈达德一生共取得火箭技术方面的专利200多项，是名副其实的"火箭之父"。

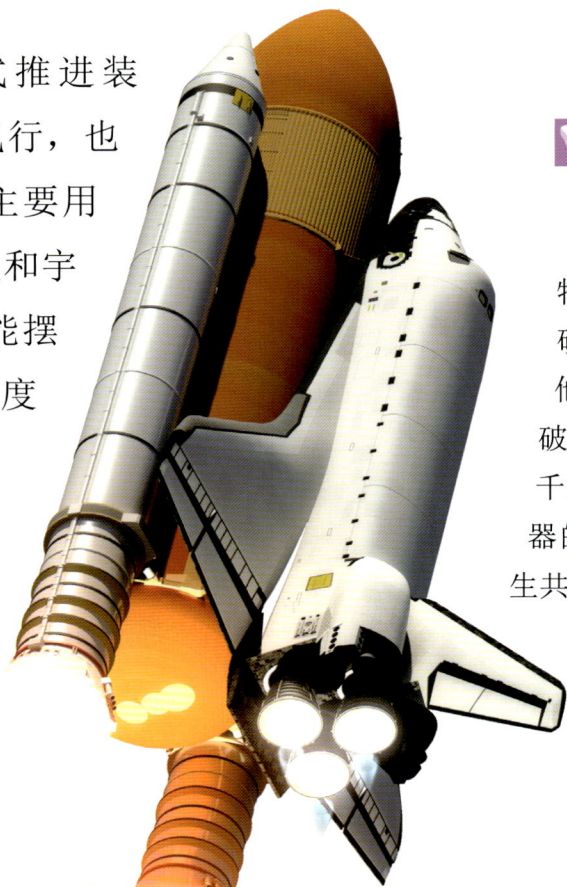

▶ 鼻祖

1100多年前，中国开始使用一种投射武器——火箭，箭头上涂有黑火药，当时主要作为观赏性的烟花和投掷武器，传到西方后，经过改进成为现代火箭，也就是说，中国火箭是现代火箭的鼻祖。

世界最大

世界上最大的火箭是"土星五号"运载火箭，直径为10米，高为110米，基本同36层楼一样高。1967年11月9日，这艘大火箭和阿波罗飞船共同执行了阿波罗4号任务。

变成流星

火箭将卫星等送入太空的过程，其实是一个自我牺牲的过程。全球每年约有200多个火箭坠落，它们绝大部分在进入大气层的过程中焚烧殆尽，变成流星，只有极少数的零件会掉落到地面上。

"联盟"系列

迄今为止，俄罗斯的"联盟"系列运载火箭是世界上发射次数最多、搭载航天器数量最多的火箭。在人类开展过的近6000次火箭发射中，"联盟"系列占30%多，即发射了1800多次。

中国航天日

1970年4月24日，我国的第一枚运载火箭"长征一号"搭载首颗人造地球卫星"东方红一号"成功发射，这一天是中国航天史上具有里程碑意义的日子。从2016年开始，将每年4月24日设立为"中国航天日"。

人造卫星

人造卫星是由人类制造，以火箭、航天飞机等发射到太空中，环绕着地球或其他天体运行的装置。主要分为科学卫星、技术试验卫星和应用卫星。

第一颗人造地球卫星

世界上第一颗人造地球卫星是由苏联在1957年10月4日发射的"人造地球卫星1号"，这颗人造卫星在太空中运行了92天，绕地球行进约1400圈，行程约有6000万千米，在1958年1月4日陨落。

天然卫星

卫星是围绕行星运行的天体，分为天然卫星和人造卫星。天然卫星可能是由早期太阳系中行星周围的气体和尘埃构成的。在太阳系中，已知的天然卫星约有160颗。月球是地球唯一的天然卫星，它距离地球约有38万千米。

导航卫星

导航卫星是人造卫星中的一种，顾名思义，它会帮人类指引路线。目前，全球比较著名的卫星导航系统有美国的GPS、俄罗斯的GLONASS、欧洲的GALILEO和中国的北斗卫星。

太空垃圾

当卫星停止工作后，就会变成轨道碎片，即太空垃圾。据相关统计，目前太空中飘浮着几十万块大小不一的轨道碎片，体积如垒球般大小的就有2万多块。

火星卫星

1971年5月30日，美国向火星发射了第一颗人造卫星"水手9号"，这是在地球之后，又一个拥有人造卫星的太阳系行星。2021年2月10日，我国成功发射了第一颗人造火星卫星"天问一号"。

90%

人类向太空发射的所有航天器中，人造卫星的数量最多，约占航天器发射总量的90%，但它的用途最为广泛，通信卫星、导航卫星、观测卫星等极大地便利了人们的生产生活。

179

月球车

月球车是月球巡视器的俗称，是一种能够在月球表面上行走，并能完成多项复杂任务的机器人。月球车可以替代人类在月球上进行科考工作，是一位身负重任的"月球科学家"。

🛰 第一台

世界上第一台无人驾驶的月球车是在1970年11月17日由苏联发射成功的，它的名字叫"月球车1号"。它在月面上行驶了10.5千米，考察将近8万平方米的月面。

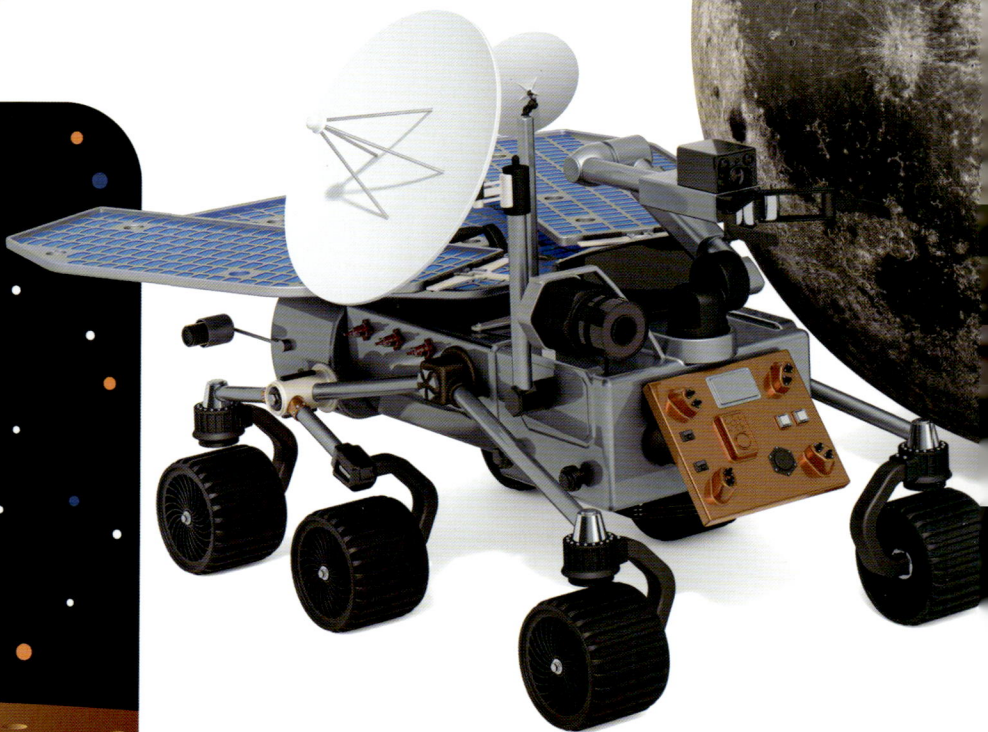

🛰 漫步月球

美国宇航员戴维斯·斯科特和詹姆斯·欧文是首次在月球表面驾车行驶的人。1971年7月31日，斯科特和欧文驾驶美国首台月球车在坑洼不平的月面上行驶了将近2小时，成为驾车漫步月球的第一人。

最轻月球车

我国送上月球的第二辆月球车"玉兔二号"总重量为135千克，是历史上最轻的月球车。2019年1月3日驶抵月球背面的"南极-艾肯特盆地"，目前正在进行勘测工作。

南极-艾肯特盆地

月球上有环形山，还有盆地，其中，"南极-艾肯特盆地"就是月球上最大的盆地，它直径为2480千米，横跨月球的两个半球。我国的"玉兔二号"月球车就降落在此处。

972天

2013年12月15日，我国的"嫦娥三号"带领"玉兔号"月球车在月球表面着陆，开始巡视工作，直到2016年7月31日，"玉兔号"永久沉睡，结束了972天的探月工作，这是历史上月球车的最长工作记录。

无人探月

在无人月球探测的方式中，除了月球车进行月表巡视勘察，还有掠月探测、硬着陆探测、软着陆探测、绕月探测及自动采样并返回共计六种方法。

火星车

火星车是发射到火星表面进行探测考察的航天探测器，全称为火星漫游车。火星车像月球车一样，可以自由移动，均为无人驾驶。

近邻

火星是一颗类地行星，是地球的近邻。两者之间的最短距离约为5500万千米。从外貌上看，火星通体呈红色，是因为它表面充满了大量的氧化铁，在这颗红色的星球上，拥有太阳系最高峰—奥林匹斯山，高度约为珠穆朗玛峰的2.6倍。

火星1号

1962年11月，苏联向火星发射了"火星1号"探测器，这是人类历史上第一个行走于火星的探测器，但它并未顺利完成考察任务。

索杰纳

1997年7月4日，美国"火星探路者"登陆器携带火星车"索杰纳"顺利登上火星，索杰纳是一台只有微波炉大小，有6个轮子的机器人，它抵达6小时后便传回了一批非常有价值的火星照片。

祝融号

"祝融号"是我国首架火星车的名字，它于2021年5月22日安全到达火星表面，正式开始巡视之旅。"祝融号"的巡航速度为40米/小时，截至8月23日，行程已经超过1000米。

最大火星车

美国的"毅力号"火星车，长3米，宽2.7米，高2.2米，与一辆厢式货车差不多大小，车速为120米/小时。它是目前所有火星车里个体最大、设计最成熟的一辆。

其他星球

到目前为止，通过探测器登陆的方式，人类已经探索过金星、火星、月球和小行星。其中，1966年抵达金星表面，1969年登月成功，1976年登陆火星，2005年成功登陆小行星"糸川"。

航天飞机

　　航天飞机是一种运载工具，它往返于近地轨道和地面之间，可以重复使用。美国从1972年，便开始研发航天飞机。

哥伦比亚号

　　"哥伦比亚号"是人类历史上第一架成功发射到太空，并安全返回的航天飞机。1981年4月21日，美国成功发射"哥伦比亚号"，这是航天史上的里程碑事件之一。

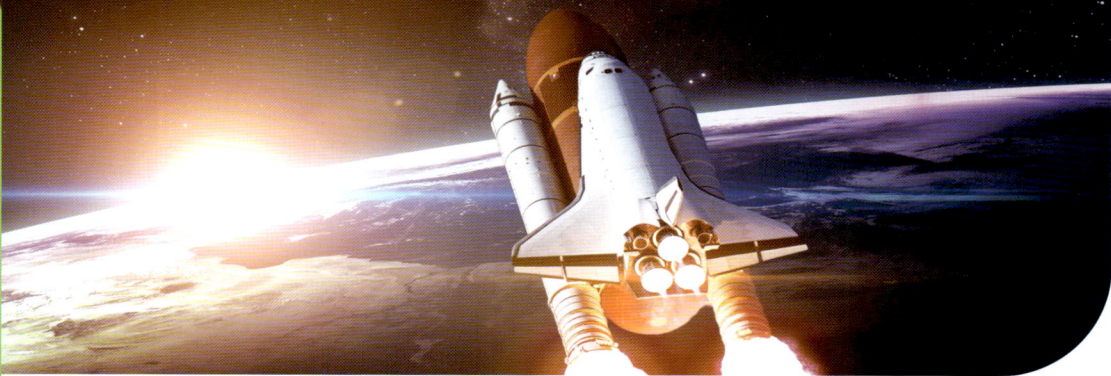

航天灾难

　　1986年1月28日，美国"挑战者号"航天飞机在第10次发射升空后，因发生爆炸事故，而使舱内7名宇航员全部遇难，这是迄今为止死亡人数最多的一次航天灾难。

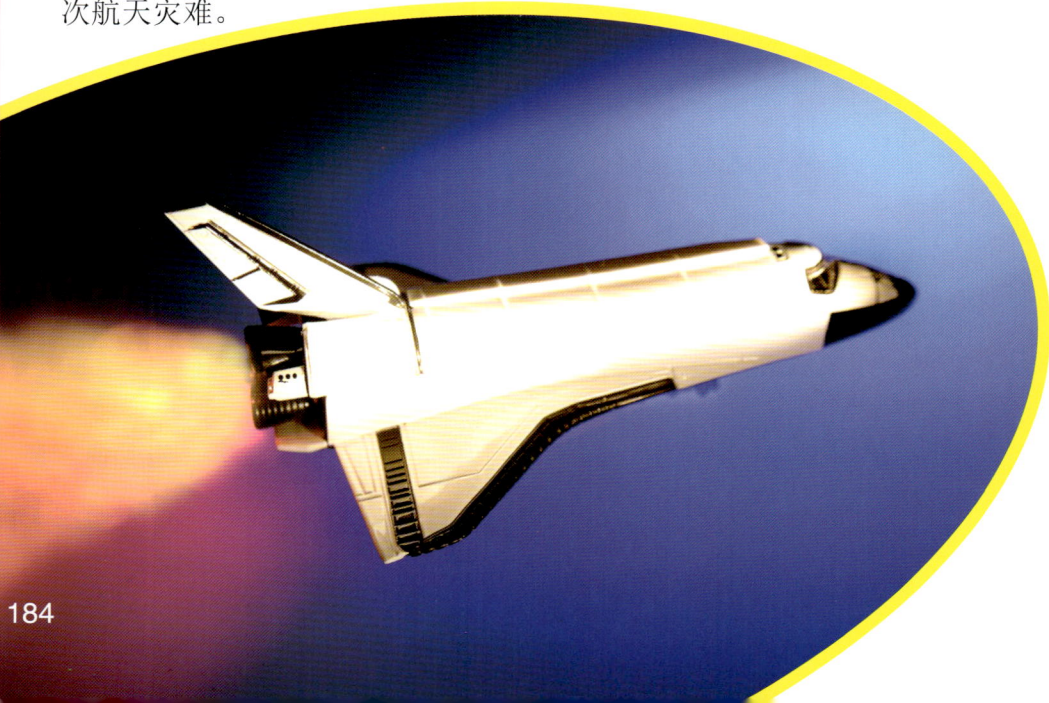

暴风雪号

"暴风雪号"航天飞机是由苏联研制的，虽然它的外形与美国航天飞机相似，但是稍大一些，它可以将30吨左右的航天器运送至近地轨道，且能运回20吨货物。世界最大飞机An-225运输机就是为了搭载"暴风雪号"而建造的。

太空时代

6架

全球共有6架航天飞机，美国拥有5架，苏联拥有1架。其中，美国的"哥伦比亚号"和"挑战者号"已经坠毁。现存3架，包括"亚特兰蒂斯号""奋进号""企业号""发现号"和苏联的"暴风雪号"。

最忙碌的

"发现号"航天飞机可以说是所有航天飞机中最忙碌的一架，它从1984年8月30日首飞，到2011年3月9日退役，期间执行任务最多，将宇航员送入轨道人数也是最多。

全部退役

2011年7月，美国所有航天飞机退役，这意味着航天飞机的时代告一段落。费用高、安全系数低是世界各国不再研发航天飞机的主要原因。

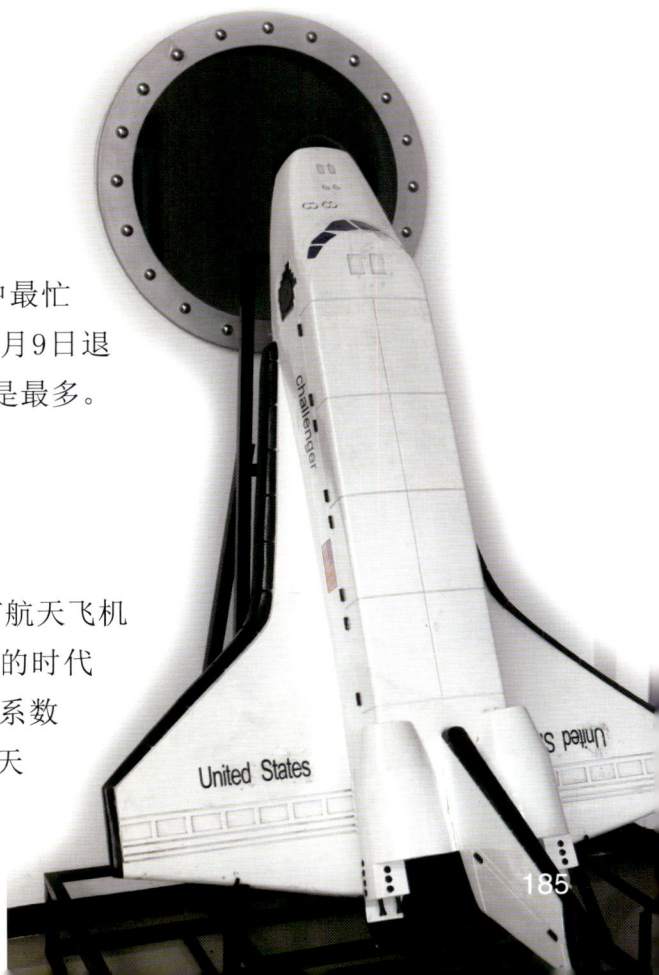

阿波罗计划

从1961年到1972年，由美国组织实施的一系列载人登月计划便是"阿波罗计划"。这项计划历时11年，所有预定目标基本实现，所有任务顺利完成，在人类航天史上具有划时代的意义。

第一个进入太空的人

苏联宇航员加加林是世界上第一个进入太空的人，1961年4月12日，加加林乘坐"东方1号"宇宙飞船进入太空，历时1小时48分，完成了人类的首次绕地球飞行。正是这一壮举激发了"阿波罗计划"的诞生。

三个计划

"阿波罗计划"被分解为三个计划，分别是"水星计划""双子星座计划"和"土星计划"。其中，在土星计划中，航天员阿姆斯特朗走出登月舱，在月球上留下了人类的第一个脚印。

冯·布劳恩

德国著名火箭专家沃纳·冯·布劳恩从1960年7月开始，便在美国国家航空航天局的马歇尔太空飞行中心担任首席科学家，他领导研发了"土星5号"运载火箭，是"阿波罗计划"的主要实施者，被誉为"现代航天之父"。

"土星5号"

"土星5号"运载火箭是美国国家航空航天局在"阿波罗计划"和"天空实验室计划"中使用次数最多的可抛式液体染料火箭。"土星5号"最后一次发射是在1973年，之后退役。它是迄今为止世界上自重最大的火箭。

脱水蔬菜

脱水蔬菜是在"阿波罗计划"中由美国国家航空航天局发明的，这项技术可以将蔬菜中的水分去除，使蔬菜体积变小，易于储存，但营养成分仅流失2%，即便在遥远的太空，也能享受到有营养的食物。

328千克

在"阿波罗计划"期间，从月球带回约328千克的岩石样品，经过对土壤和岩石的检测，证实月球上没有任何生命存在的迹象，连微生物都没有。

空间站

空间站是一种载人航天器，也叫太空站或航天站，它非常大，里面设置有完善的通信、计算等设备，可以支持人类在地球轨道上长期驻留，进行科学研究。目前，正在运行的空间站有国际空间站和中国空间站。

国际空间站

国际空间站由美国、俄罗斯、欧洲、日本、加拿大等国共同运营。它是目前在轨运行的最大的空间平台，从2010年开始正式投入使用。

中国空间站

中国空间站是我国独立设计制造的空间站系统，也叫"天宫空间站"，2021年6月17日，神舟十二号载人飞船带着聂海胜、刘伯明和汤洪波三位航天员进入天和核心舱，这标志着航天员首次进入中国自己的空间站。

第一个

世界上第一个空间站名为"礼炮1号"，是由苏联在20世纪60年代独立研制并送入太空的空间站。"礼炮1号"全长13.5米，重约18.6吨，是人类发射到太空的庞然大物。

天空实验室

天空实验室是1973年由美国发射的第一个试验型空间站，也是迄今为止所有空间站中重量及容量最大的一个。天空实验室于1979年返回地球时坠毁，共使用6年多。

太空蔬菜

太空蔬菜是在空间站的实验设施里栽种的蔬菜，目前，已有几十种蔬菜在空间站里培育成功。2020年12月，美国的一位工程师成功收获了20根太空萝卜，并打算将它们送回地球。

拍摄电影

俄罗斯航天局宣布，将去空间站拍摄一部名为《挑战》的太空题材电影，现正在积极准备，看来空间站除了满足科研需求，还要给大众提供一些娱乐素材。

空间望远镜

空间望远镜是宇宙天文观测的重要工具之一，也叫太空望远镜。它们被放置在大气层之上的近地轨道上，既不会受到大气散射的影响，又能找到绝佳的观测角度，因此是天文科研中的重要仪器。

伽利略天文望远镜

1610年，伽利略用他最新制造的望远镜观测到了木星周围有四个不停旋转的亮点，这实际上是木星最大的四颗卫星：木卫一、木卫二、木卫三和木卫四。这说明在空间望远镜发明之前，人类就已经能通过天文望远镜观测到遥远的太空了。

第一架

全球第一架空间望远镜是1962年由英国发射成功的"Ariel 1号"，它是国际卫星与太空望远镜的合并产品，但由于太阳能发电机出现故障，工作后不久便报废了。

哈勃空间望远镜

1990年，美国向太空发射了一架空间望远镜，即哈勃空间望远镜。它是以天文学家爱德文·哈勃的名字来命名的，纪念他在天文学历史上取得的伟大成就。

▶ 100万张

截至目前，哈勃空间望远镜已经拍摄了100多万张宇宙照片，让我们清晰地观看到了月球及其他星体的面貌。

太空时代

▶ "鸽王望远镜"

准备接替哈勃望远镜的詹姆斯·韦伯太空望远镜从2014年开始便宣称准备升空，但十多年来，这架望远镜的发射时间一再推迟，放了无数次"鸽子"，被人们戏称为"鸽王望远镜"。最终，它于2021年12月25日发射升空。

▶ 费米空间望远镜

费米空间望远镜是以物理学家恩里科·费米命名的伽马射线空间望远镜，是在2008年6月成功发射的，至今仍在正常服役中。它曾在2009年5月10日，观测到73亿光年外的一次强烈的"短伽马射线暴"，并通过观测结果验证了"光速不变原理"。

太阳能

太阳能是清洁能源的一种，现在常用来发电或是给热水器提供能源。太阳能就是来自太阳的辐射能量，它几乎无污染，且非常安全，是绿色新能源的首选。

太阳能之城

德国边陲小城弗莱堡是世界闻名的太阳能之城，它拥有欧洲最大的太阳能开发利用研究机构，形成了以太阳能为一体化的经济网络。

太阳能电池

1954年，美国贝尔实验室的三位科学家成功研制了世界上第一块太阳能电池，标志着太阳能借助人工器具变成电能的时代到来了。

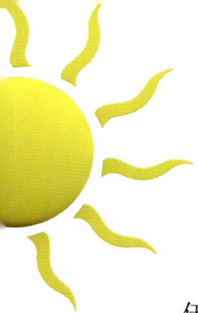

伊凡帕太阳能发电站

伊凡帕太阳能发电站位于美国的莫哈韦沙漠，是世界上最大的太阳能发电站，它占地8平方千米，拥有30万块太阳能板，聚集起来的最高温度达537摄氏度，能把经过的鸟兽都烤焦，被戏称为"世界最大捕鸟器"。

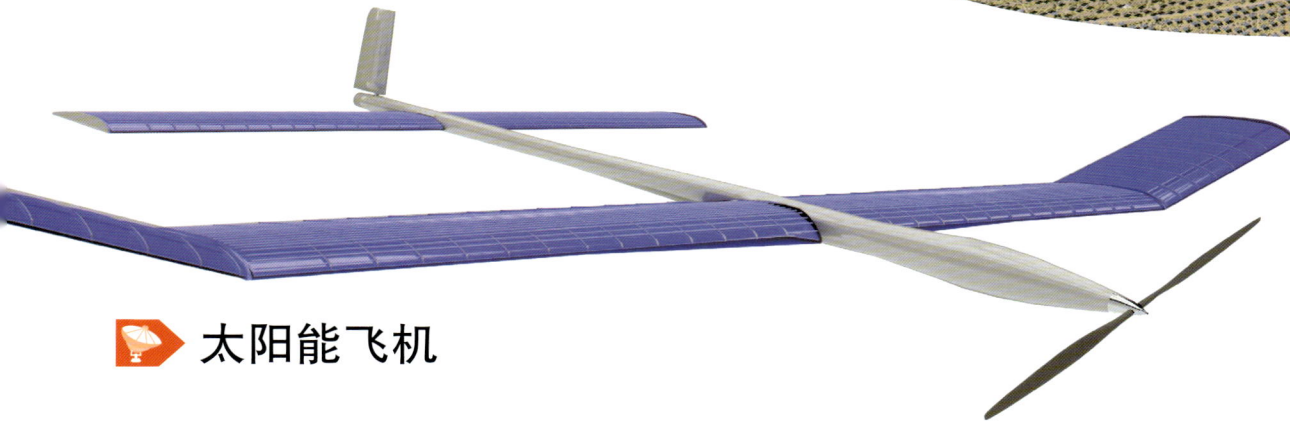

太阳能飞机

太阳能飞机有个显著特点，即机翼面积大，主要是为了摄取更多来自太阳辐射产生的能量。世界上第一艘太阳能飞机是由美国飞行员拉里·莫罗研制的，这架被命名为"太阳高升号"的太阳能飞机升高到离地800米，总飞行时间约1分钟。

先锋1号

1958年，美国发射的"先锋1号"人造卫星是世界上第一个使用太阳能电池的航天器，虽然早已停止了与地球的通信联系，但仍会在轨道上飞行几百年。

600亿年

太阳是个巨大的能量体，它已经为人类发光发热了50亿年左右。据估算，太阳能资源还可以持续600亿年的时间。

柯伊伯带

存在于太阳系外围，一个由遥远星体组成的圆盘形带状区域，就是柯伊伯带，这个假想最早是由天文学家艾吉沃斯提出的，杰拉德·柯伊伯对其进行了完善。1992年，位于海王星轨道之外的第一个柯伊伯带天体被发现，人类对柯伊伯带的探索正在不断深入中。

🛰️ 最大

冥王星是柯伊伯带中最大的星体，也是太阳系中已知体积最大的矮行星。在柯伊伯带发现之前，它被认为是太阳系第九大行星，但在2006年召开的第26届国际天文学联合会上，剥夺了冥王星大行星的地位，将其降为矮行星。

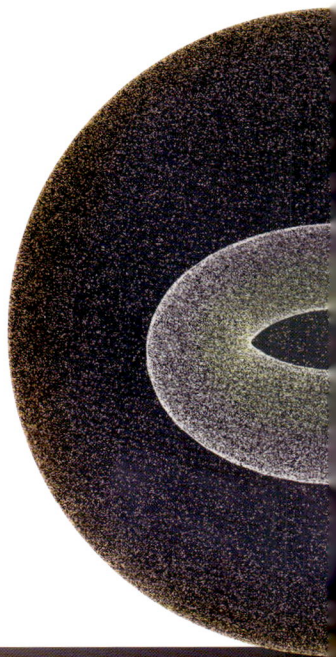

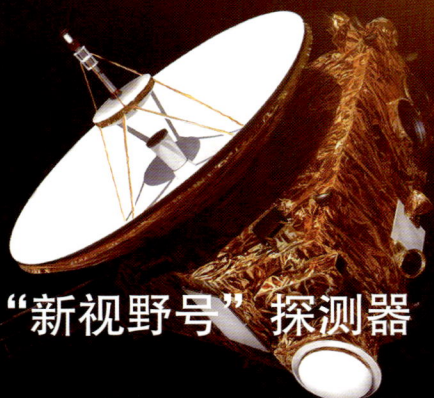

"新视野号"探测器

"新视野号"探测器也称"新地平线号"探测器，它由美国航天局于2015年发射的，主要任务是探测冥王星及柯伊伯带的小行星群。预计在2029年左右，"新视野号"将会飞离太阳系。

冰封之地

柯伊伯带是一个由冰碎片和冰质残骸构成的环带，每个柯伊伯带天体都含有大量的冰和水，可以说这是一个充满微小冰质天体的冰封之地。

奥尔特云

在柯伊伯带以外，还存在着一个巨大的奥尔特云，它就像太阳系的外壳，也满布冰晶。奥尔特云是很多彗星的发源地，与柯伊伯带相似的是，它们都属于太阳系的边疆地域。

矮行星

矮行星是一种体积介于行星和小行星之间的天体，它们绝大部分都位于柯伊伯带内，包括冥王星、鸟神星、妊神星、共工星等。

25个天文单位

据估算，柯伊伯带开始于距太阳30个天文单位的地方，而终止于55个天文单位处，范围共计25个天文单位。1个天文单位约为1.5亿千米，那么柯伊伯带的宽度大概为37.5亿千米。

航海家1号

航海家1号也称"旅行者一号"，是美国宇航局在1977年发射到太空的一颗无人深空探测器。它是所有仍在运行且能正常联系的航天器中距离地球最遥远的，将来可能会飞出太阳系。

航海家1号

航海家1号于1977年9月5日发射升空，曾到访过木星和土星，目前距太阳约230亿千米，正以第三宇宙速度飞离太阳系。

航海家 1 号

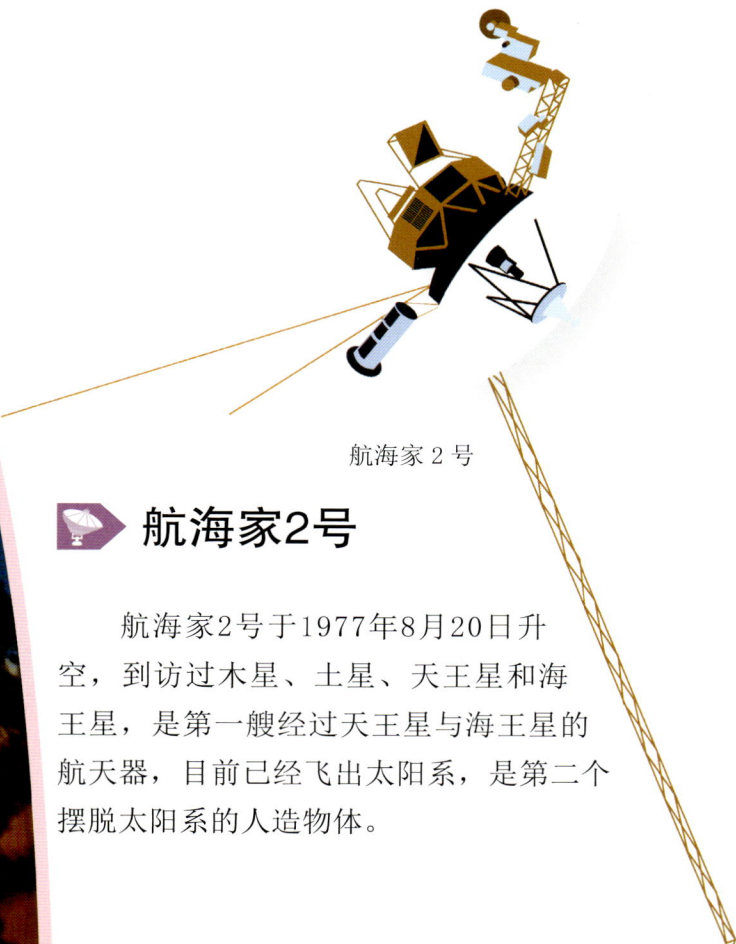

航海家 2 号

航海家2号

航海家2号于1977年8月20日升空，到访过木星、土星、天王星和海王星，是第一艘经过天王星与海王星的航天器，目前已经飞出太阳系，是第二个摆脱太阳系的人造物体。

旅行者唱片

两艘"航海家"探测器都携带有一张铜质唱片，唱片内容为用55种语言录制的人类问候语和各种音乐，借此向外星文明表达来自地球的问候，也被称为"旅行者唱片"。

宇宙速度

宇宙速度是人造天体想要进入宇宙轨道所必须具备的速度，包括第一宇宙速度，即每秒7.9千米；第二宇宙速度，即每秒11.2千米；第三宇宙速度，即每秒16.7千米。目前，"航海家1号"正以第三宇宙速度飞行。

驶离太阳系

先驱者 10 号

美国宇航局共发射了5艘太空探测器，它们都有一个共同目标，即驶离太阳系。这5艘探测器分别是航海家1号、航海家2号、先驱者10号、先驱者11号和新视野号。

先驱者 11 号

灭顶之灾

两艘"航海家"探测器中都留有大量人类和地球的信息，但根据宇宙"黑暗森林"理论，如果真的被外星文明探知到人类信息，那可能并不是一件好事，所以就连物理学家霍金都曾发出警告，不要接触外星生物。

深海探测器

深海探测器是一种可以下沉到深海，完成科研、修理、探寻、摄影、救生等任务的海下潜水设备。1554年，由塔尔奇利亚发明的木质球形潜水器，是人类历史上最早的潜水器，对现代深海探测器的研发起到了重要的启示作用。

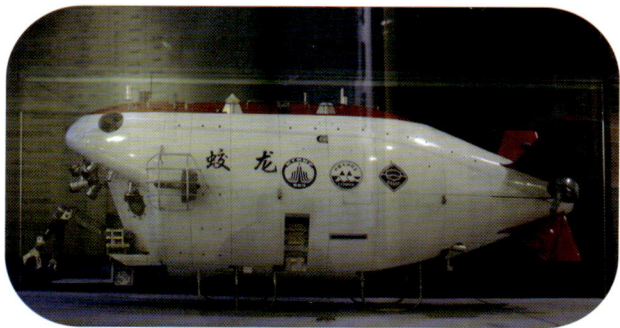

8艘

目前，世界上能够潜入海下6000米以上深度的载人潜水器共有8艘，分别是美国"阿尔文"号，日本的"深海6500"号，法国的"鹦鹉螺"号，俄罗斯的"和平Ⅰ"号、"和平Ⅱ"号、"领事"号、"罗斯"号，中国的"蛟龙"号。

《1/2英里之下》

这本书由美国人威廉·贝比所作，它是根据1932年，威廉·贝比与奥蒂斯·巴尔顿同乘他们所建造的深海探测器，潜入923米深海时所观看到的景象而描写的。

"的里亚斯"号

"的里亚斯"号是瑞士气象学家奥古斯特·皮卡德设计制作的一艘深海潜水器，后被美国海军收购。1960年，皮卡德的儿子雅克·皮卡德和海军上尉唐·沃尔什搭乘"的里亚斯"号下潜到马里亚纳海沟，距海面10916米。

最多

俄罗斯是目前拥有载人深海探测器最多的国家，能下潜到海下6000米以上的就有4艘，其中要数"和平Ⅰ"号与"和平Ⅱ"号最为出名，它们共同参与了《泰坦尼克号》的拍摄，而且"和平Ⅰ"号还有一位大名鼎鼎的乘坐者——普京。

搜寻氢弹

相信世界上没有比海下搜寻氢弹更艰巨且危险的任务了吧，"阿尔文号"就是这样一艘英雄深海探测器。1966年，美国一架载有氢弹的轰炸机失事，一枚氢弹落入地中海，"阿尔文"号接到搜救任务后一个月，便在海下1000米找到了这颗氢弹。

"奋斗者"号

位于菲律宾东北部的太平洋海底有一条马里亚纳海沟，最深处可达11000米左右。2020年10月27日，我国"奋斗者"号载人潜水器在马里亚纳海沟成功坐底，深度为10058米。

潜 艇

　　潜艇也称潜水艇，是一种能在水下工作的舰艇。它有大有小，小的潜艇仅供1—2人进行操作，大的潜艇则可容纳数百人。

▶ 亚历山大国王的梦想

　　早在2000多年前，马其顿王国的亚历山大国王梦想着看到水下的奇异世界，于是命人去制造一个能沉入水下的玻璃容器，这应该是最早出现的潜艇雏形。

▶ 海龟号

　　"海龟号"是历史上第一艘用于军事的潜水艇。它是1776年由大卫·布什奈尔设计建造的。这艘潜艇可潜至水下6米，并停留30分钟以上。它曾试图攻击英国的皇家海军"老鹰号"，但最后以失败告终。

最强核潜艇

核潜艇是以核原料作为动力的潜艇。目前，世界上最强大的5艘核潜艇为美国的"俄亥俄"级战略核潜艇、"哥伦比亚"级战略核潜艇，俄罗斯的"北风之神"战略核潜艇、"台风"级战略核潜艇，以及中国的094型战略核潜艇。

世界最大

世界上最大的潜艇全长为175米，宽为23米，高为12米，水面满载排水量2.4万吨，水下满载排水量4.8万吨。它就是俄罗斯的"台风"级战略核潜艇，是人类历史上体形最巨大、满载排水量最重的潜艇。

厕所事故

德国海军新型U-1206潜艇配备了新式的"深海高压厕所"，可以在深海中将排泄物直接排出舱外，但操作极其复杂。1944年，这艘潜艇在执行任务中，因舰长上厕所后误操作导致潜艇沉没，这是历史上唯一一艘因如厕事故而导致毁灭的潜艇。

运骆驼

第一次世界大战期间，一艘英国潜艇接到一项奇葩任务，帮助英王运一只白骆驼，由于骆驼体形巨大，无法进入舱内，舰长只好命人将其捆绑在甲板的高射炮管上，以能露出头部为下潜深度，最终顺利把白骆驼运到英国。

海底地图

　　海底地图也称海图，它是海洋信息的主要载体，包括海底地貌、海底基石、海洋沉积物，各种海底生物及沉船、水下管线、钻井、采油平台等，还有各种看不到的航线、界道等，比陆地地图的复杂程度有过之而无不及。

🔶 15%

　　截至目前，全球仅有15%的海底地图被绘制出来，而且精准度并不高，甚至有些图模糊不清，这主要是因为光学仪器在海下运行有很多困难，只能改由声学仪器绘制海图。

🔶 地中海海洋图

　　地中海是世界上面积最大的陆间海，平均深度1450米，最深处位于希腊南部，水深5121米。20世纪，地理学家们通过探索地中海海域，成功绘制了第一张详细的地中海海洋图。

"海床2030"计划

由非营利组织大洋水深制图委员会组织发起的"海床2030"计划已于2017年正式启动，这项计划将发动全球船只以及海洋爱好者共同收集海洋数据，希望在2030年完成全球海图绘制工作。

神秘的海底

海底是海水覆盖下的地球表面形态的总称，像陆地地面一样，海底有海丘、海岭、海沟和深海平原，其中，纵贯四大洋的大洋中脊，延绵8万千米，宽数百到数千千米不等，它的总面积甚至不比地球陆地面积少多少。

玛丽·塔普

美国女科学家玛丽·塔普是世界上最早发现海底深处存在一系列山岭的科研工作者之一，为大陆漂移学说提供了实据。而且，她还参与手绘了第一幅全球海底地形图，名为《世界海底》。

"小黄鱼"

"小黄鱼"是我国研发制造的"潜龙二号"水下机器人的昵称，2015年年底，"小黄鱼"首次下潜到西南印度洋，带回了海下200多平方千米的海底地形地貌图。

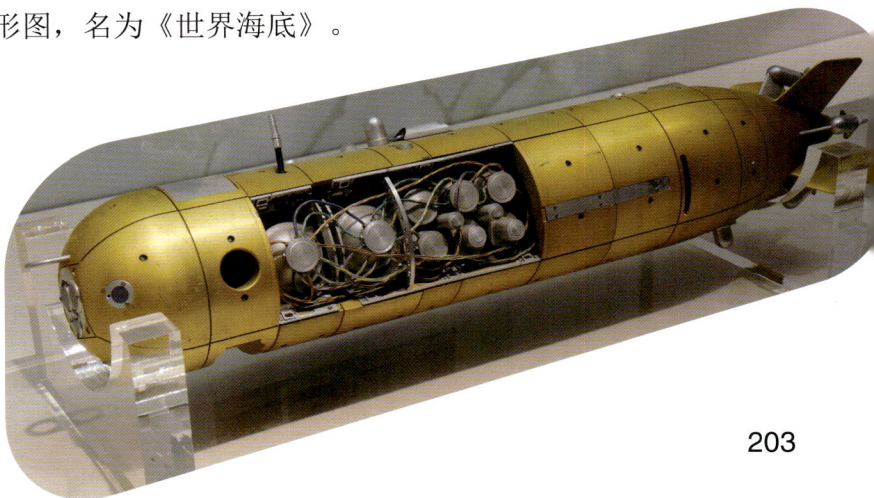

海水淡化

　　海水淡化是一种使海水脱盐而变成淡水的科研技术。目前，世界上有十多个国家都在研究海水淡化的方法，其中蒸馏法和反渗透法是现在最常用的，尤其是反渗透法，因其效率高、消耗能量少，被世界各国广泛应用。

▷ 越喝越渴

　　地球上71%的表面积被水覆盖着，其中大部分是海水，但是海水不能直接饮用。海水中含盐量高，喝了海水后，机体会通过尿液和汗液将多余的盐分排出，所以会越喝越渴。

▷ 2025年

　　据相关统计，到2025年，世界上将会有30亿人面临缺水的问题，40多个国家淡水资源供应不足，其中就有中国，我们国家是世界上人均水资源最贫乏的国家之一，人均水资源量是2300立方米，仅为世界平均值的1/4。

南水北调

海水淡化是缓解水资源短缺的一种方法，在我国，南水北调同样起到了均衡淡水资源的作用。南起丹江口，北至北京，将长江丰沛的水资源调运至缺水干旱的华北平原，这就是著名的南水北调工程。

索莱克海水淡化工厂

索莱克海水淡化工厂位于以色列，是目前世界上最大的海水淡化加工厂，拥有全球最先进的设备，年生产淡水量达到2.27亿立方米，几乎可以装满15个西湖。

世界水日

每年的3月22日为"世界水日"，旨在向全人类宣传合理、科学地利用淡水资源，一方面要开发海水资源，另一方面要节约淡水，开源节流才能真正缓解水资源匮乏这个社会危机。

放心饮用

目前，经过淡化系统处理过的海水是可以放心饮用的，尤其是经过反渗透法处理过的海水，洁净度几乎达到了100%，是安全的饮用水。以色列、沙特阿拉伯、马尔代夫等国家常年使用被淡化后的海水。

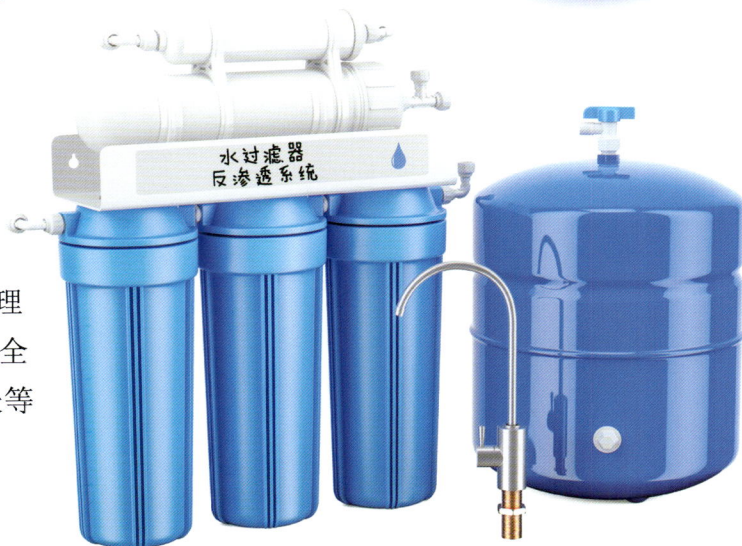

海底采油

海洋是地球上的巨大宝库，储存着丰富的自然资源。其中，海洋石油资源量占全球石油资源总量的34%，目前，已有100多个国家开始进行勘探，未来海底采油将是世界石油产量增加的主要途径。

▶ 最早使用的矿产资源

通过古巴比伦时期的楔形文字和古埃及的象形文字记录，早在公元前40年左右，人类就开始使用石油了，比利用金属和煤炭都要早，可以说石油是人类最早使用的矿产资源之一。

▶ 沈括

班固在《汉书·地理志》中记载，在陕西延河一带，水面漂浮着可以燃烧的油，这是我国对石油的最早记载。到了宋代，沈括在《梦溪笔谈》中首次提出"石油"这个名词，在我国一直沿用至今。

▶ 拜火教

在中东国家，人们信奉拜火教，因为教堂内拥有永不熄灭的圣火，这里的圣火其实就是石油燃烧产生的火苗。在金庸先生的《倚天屠龙记》中，明教即源自波斯拜火教。

引发战争

石油是"工业的血液"，是世界重要商品之一，甚至美国原国务卿基辛格说，"谁控制了石油，谁就控制了所有国家"。因此，对石油的争夺从未停止过，两伊战争和海湾战争就是因石油而起的军事冲突。

世界石油宝库

波斯湾是世界上最重要的内海之一，它拥有全世界最丰富的石油资源，全球三分之二的石油都在这片海域中。目前，全球共有19个大油田，其中波斯湾拥有14个，因此这里被称为"世界石油宝库"。

中国最大

中国最大的海上油田是位于渤海中部的蓬莱19-3油田，已探明储量高达10亿吨，可以开采的约为6亿吨，仅次于黑龙江省的大庆油田。

转基因

转基因技术，就是将人工分离和修饰过的一个物种的优良基因导入另一个生物体的基因组中，从而使被转入基因的生物体性状发生改变，其中要用到特别复杂的技术。

陶陶

"陶陶"是一只小牛的名字，它诞生于1999年2月19日下午2点15分，是中国成功培育的第一例转基因试管牛。据测算，它成年后的产奶量将高达10000千克，比山羊高20多倍。

人工驯化

在很久以前，我们食用的大多数谷类，如麦、粟、稻米和玉米等都是野生的，产量少又容易生病虫害，但经过人工驯化后，就变成了今天的样子，其实这种人工驯化就是基因改良的一种方式。

杂交不是转基因

杂交是指不同种属的动物或植物进行交配。譬如，杂交水稻是将两种不同的水稻相互授粉，产生一种新的水稻品种。通过杂交产生的新品种还有糯玉米、紫薯、甜玉米等。

Bt玉米

1988年，美国首次在田间正式种植转基因作物，即Bt玉米，这种玉米因为含有Bt细菌的基因，从而抵抗病虫害的能力提高很多。

转基因蚊子

在美国的佛罗里达群岛，科学家释放了一些转基因蚊子，这些雄性蚊子因被改变了部分基因片段，将会使雌蚊产下的幼虫早夭，以此降低雌蚊的数量。这项试验预计在两年内完成，将总共释放10亿只转基因蚊子。

制药

转基因技术自问世以来，被广泛应用于制药行业，糖尿病的常用药胰岛素，以及青霉素、罗红霉素等多种抗生素，都是通过转基因技术得来的，如果没有这项技术，这些抗生素将成为百姓消费不起的高价药。

克 隆

克隆也称无性繁殖，是指生物体通过自身的体细胞就可以完成的后代繁衍，它们的后代将与原个体有完全相同的基因。

🔭 鹤膝

扦插是最早产生的无性繁殖方式，公元前2世纪时，我国最早将剪下的石榴枝条插入泥土中使其生根发芽，成长为新的植株，并将这种无性繁殖的方法称为"鹤膝"。

来源

"克隆"一词源于希腊语，意指幼苗或嫩枝，是苏格兰遗传学家约翰·霍尔丹在1963年的公众演讲中首次提出来的。

童第周

童第周是我国著名的生物学家，终生致力于生物研究。1963年，他通过把鲤鱼细胞核置换到鲫鱼的卵细胞中，而培育出世界上第一条克隆鱼。

95%

科学研究发现，克隆动物的寿命一般分为三种情况，与母体相比，更长、相等或更短，且这三种情况发生的概率相同。但通过实际情况来看，比母体更长的还没有，最长寿命只有母体寿命的95%。

工蜂大军

南非一只海角工蜂因拥有特殊基因，可以通过克隆实现自我繁殖。从1990年开始，它在30年内成功克隆出几百万只自己，而且这种海角工蜂极具攻击力，每年都会杀死超过10%的本地蜂。

人造生物"辛西娅"

2010年，科学家选取了一种衣原体，将其自身的DNA摧毁后，引入实验室中人工合成的DNA，于是创造了世界上第一个拥有完全合成基因组的生物，且将这个人造生物命名为"辛西娅"。

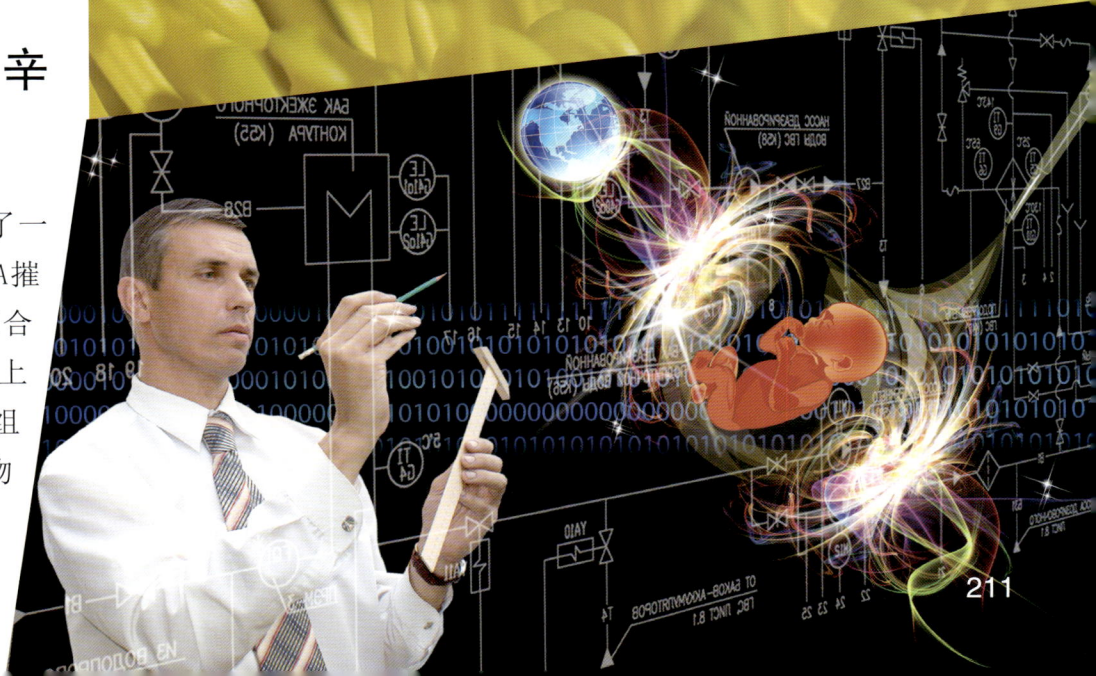

211

信息时代

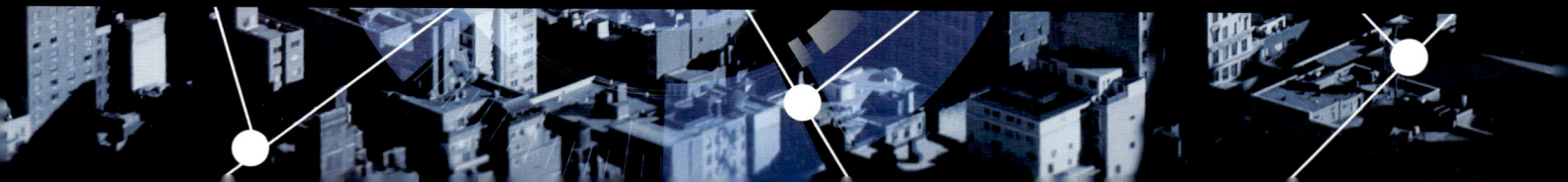

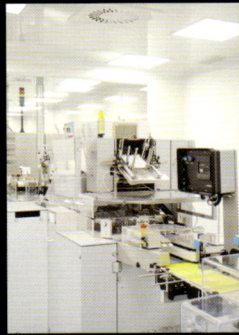

从20世纪70年代开始，随着计算机的出现和普及，人类进入了一个全新的时代。在这个时代，信息的传播速度、处理速度，以及人们对信息的接受速度等直接决定了人类社会的发展速度。

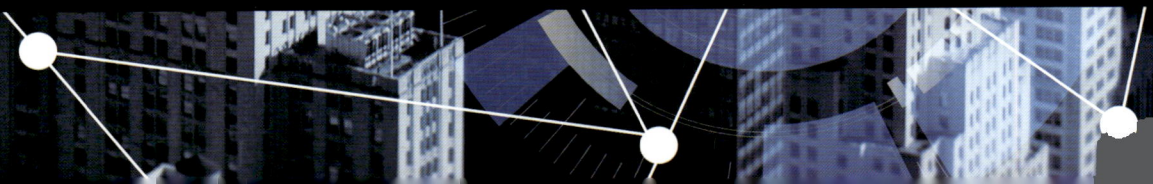

电报

在电话没有发明之前，电报是最早的远距离即时通信技术。它用编码代替文字和数字，通过专用的线路将信息发送出去。在19世纪中期之前，电报是比较先进的通信方式。

古代通信

我国古代，通信方式有步行、驿送、信鸽、烽烟等，其中驿送多限于官方使用，百姓只能走路送信，速度可想而知；而烽烟这种方式则与美洲土著人的烟信号、英国海军的旗语很相似，这种方式不确定因素也比较多。

莫尔斯电码

莫尔斯是一位美国画家，他从1832年开始研究电报机，直到1835年制成第一台电磁式电报机，该台机器用电流的"通断"和"长短"来代替文字的传送，这就是著名的"莫尔斯电码"，而莫尔斯也因此项发明获得了"电报之父"的称号。

第一封电报

1844年，"电报之父"莫尔斯坐在华盛顿国会大厦的一个会议室里，亲手向60千米以外的巴尔的摩发出了人类历史上第一封电报，内容为《圣经》诗句"上帝行了何等的大事"。

打字电报机

1855年，美国发明家大卫·休斯发明了单传打字电报机，发报端只需要敲击键盘打字，收报端便可以用一台机器将接收的信息逐字打印出来，这种电报机在当时是比较先进的，有点类似于现在的传真机。

《西海纪游草》

1849年，福建人林鍼从美国游历回国后，写了《西海纪游草》这本游记，在书中他详细介绍了电报技术。林鍼成为最早将电报介绍到国内的人，福建厦门也成为国内第一个出现电报局的地区。

退出舞台

目前，世界上绝大多数国家都已经停用电报，如中国2001年、美国2006年、印度2013年、比利时2017年，但仍有一个国家还在广泛使用电报，那就是巴西，不过现在的电报都是通过网络发送的，更类似于邮件。

电 话

电话是一种长途通信设备，通过它可以与世界各地的人们即时沟通与交流。其实早在18世纪，欧洲就已经出现"电话"这个名词了，它的意义很形象，指用一根线串起的两个话筒。但真正的电话则是由贝尔研发的，1876年，贝尔取得了实用电话的发明专利。

李圭

李圭是第一个接触电话并进行记录的中国人，光绪二年，也就是1876年，李圭作为宁波海关代表，到美国去参加"万国博览会"，在会上他首次看到了电话机，并将其记录在《环游地球新录》中。

移动电话之父

马丁·库帕是美国著名的发明家，他在看《星际迷航》时，首次看到了剧中人物使用的无线电话，于是他灵感一现，开始研发移动电话。1973年，第一部移动电话诞生，马丁·库帕也因此被称为"移动电话之父"。

比珠穆朗玛峰还高

据相关统计，英国的手机使用量为4500万部，但每年会有将近1/3的手机被淘汰或是丢失，如果将这些废弃的手机一部部叠放起来，高度将是珠穆朗玛峰的250倍左右。

最重的电话

世界上最重的电话高达2.47米，长6.06米，重约3.5吨，一般人根本拿不起听筒，需要起重机来帮忙。想必这么重的电话根本没办法使用，只能当作摆设了。

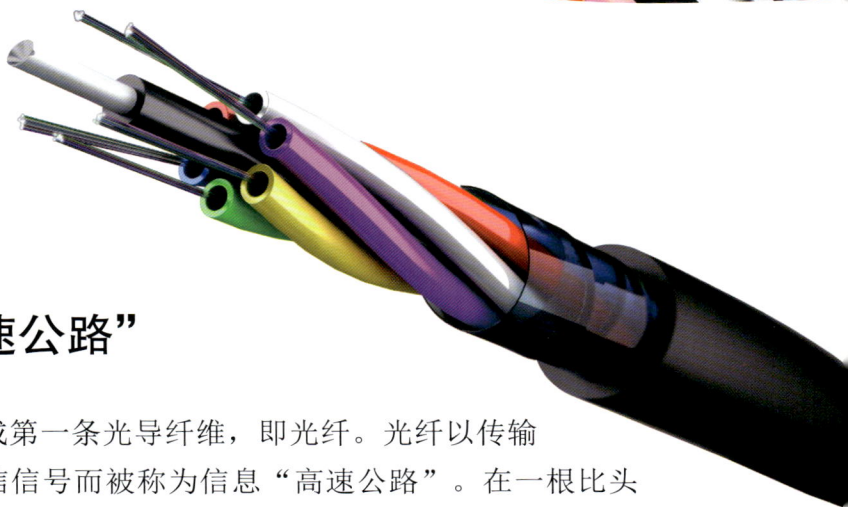

信息"高速公路"

1970年，美国制成第一条光导纤维，即光纤。光纤以传输高质量、大容量的通信信号而被称为信息"高速公路"。在一根比头发丝还细的光纤中，可以同步传输几万路电话和几千套的电视节目。正是有赖于光纤，才有了现在的语音通话和视频通话。

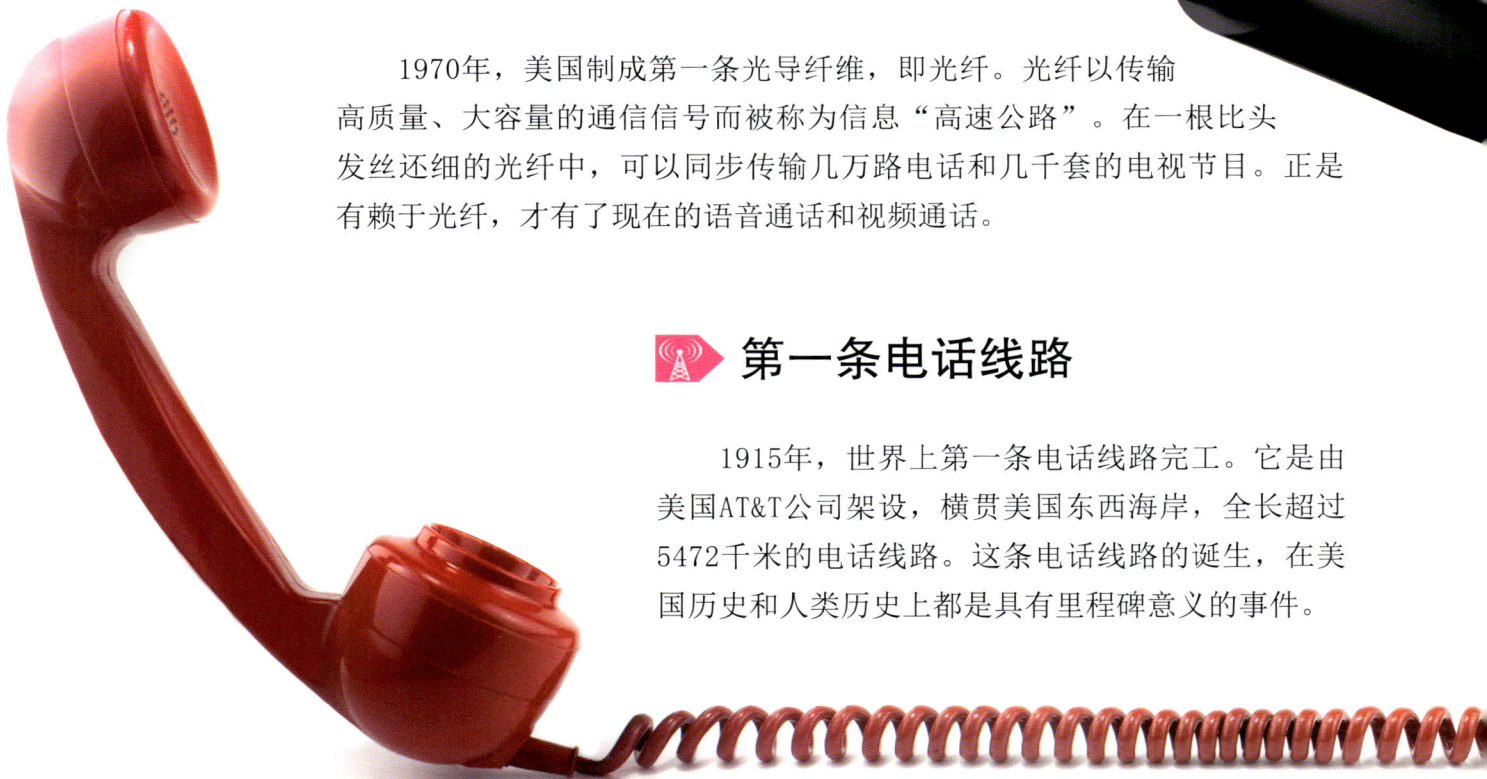

第一条电话线路

1915年，世界上第一条电话线路完工。它是由美国AT&T公司架设，横贯美国东西海岸，全长超过5472千米的电话线路。这条电话线路的诞生，在美国历史和人类历史上都是具有里程碑意义的事件。

无线电

无线电全称为无线电通信，它是将声音、文字、图像和数据等信息通过无线电磁波传送给对方的通信方式，与有线电通信相比，无线电容易被干扰，而且保密性差。

世界无线电日

2011年11月召开的联合国教科文组织大会确定，将以后每年的2月13日定为"世界无线电日"，旨在向人类宣传无线电作为通信载体，在诸多领域内起到的巨大推动作用。

2月13日

马可尼

每个国家的人民眼中，都有自己认为的无线电发明者。但西方科学家早已达成共识，意大利企业家马可尼是无线电通信的发明人，并因此于1909年获得了诺贝尔物理学奖，被称为"无线电之父"。

儿童科学历史百科全书

最早的无线通信

人类历史上最早的无线通信当属中国的烽火。在古长城的烽火台上，用光和烟雾向远方传递信息，虽然也有诸多不稳定因素，但在当时，已经是最快速的战事传递方式。

117光年

地球的无线电信号是以光速在宇宙中行进，人类第一次无线电信号的传播是在1900年左右，目前它已经达到了距离地球117光年的地方，也就是说，在距地球117光年的区域，刚刚接收到人类第一次无线电广播的内容。

首次无线电广播

人类首次无线电广播是在1906年的圣诞夜，美国人雷吉纳德·菲森登在广播中播放了德国音乐家韩德尔所作的《舒缓曲》，并朗诵了《圣经》中的一个片段。

航海

无线电通信最早应用的领域是航海，1912年，在"泰坦尼克号"发生海难后，船舶无线电通信发挥了重要作用，在撞上冰山后25分钟，距离最近的"卡帕西亚号"就接收到了救援信号，并以最快的速度在4小时后赶到，救下了700多人。

导 航

简单理解，导航是从一个地方到另一个地方的过程，在古代，人们依靠北极星为航向，规划行进路线。在现代，如何在最短的时间内，规划出最科学合理的路线是一个复杂的研究领域。

司南

司南是战国时期发明的一种辨别方向的仪器，它是将磁勺放在一个光滑的盘上，利用磁石指南的原理来辨别方向，它是人类历史上最早的导航仪器。

GPS

GPS也称全球定位系统，它可以精确测出地球上任意一点的坐标，误差在1米范围内。GPS由美国研发，是继"阿波罗登月飞船""航天飞机"之后美国第三大航天工程。

导航卫星

导航卫星是为地面、海洋、航空和空间用户进行导航定位的卫星。1960年4月，第一颗导航卫星——"子午仪-1B"号发射成功。从1957年开始至2005年，全球共发射了6000多个航天器，其中导航卫星有384颗。

北斗卫星导航系统

北斗卫星导航系统简称BDS系统，是中国自行研制的全球卫星导航系统，已于2020年7月31日正式开通。我国的这套导航系统是继美国的GPS和俄罗斯的GLONASS之后第三套成熟的卫星导航系统，目前已有137个国家签约使用。

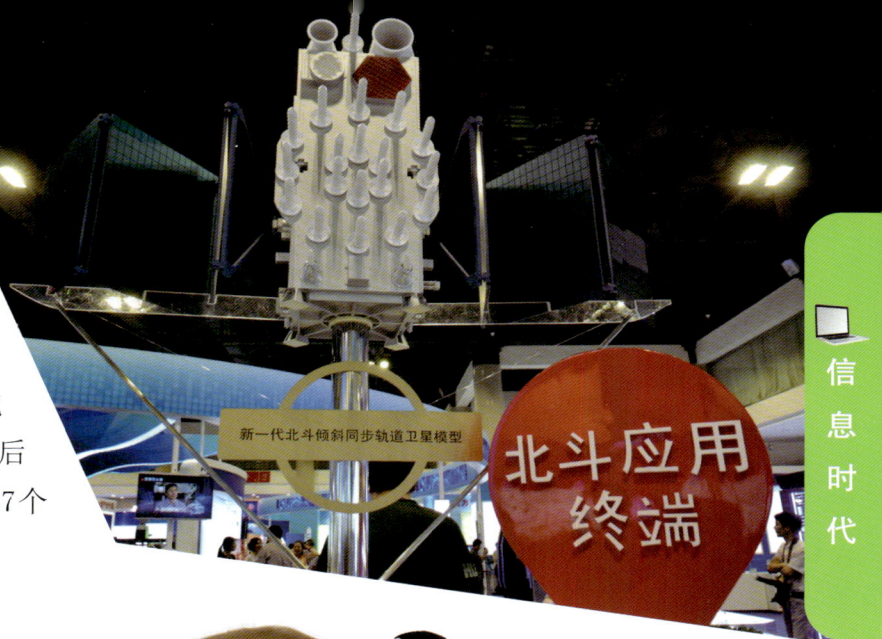

新一代北斗倾斜同步轨道卫星模型

北斗应用终端

动物导航

在生物界，动物们也有一套独特的导航方法，它们使用地标、声音、气味等外界信息与自身大脑对身体各部位的位置感、方向感、平衡感等寻找方向并规划路线，这就是蚂蚁总能回归巢穴，而北极燕鸥长距离迁徙不迷路的奥秘。

郑和的导航

牵星术是我国古代主要的导航方法，郑和七下西洋用的就是这种方法。他采用观测恒星高度来确定地理纬度，而得知自己的位置。当然，郑和在多次航行中绘制了精准的《郑和航海图集》，为后人提供了图文导航。

221

半导体

在常温下，导电性能介于导体和绝缘体之间的材料称为半导体。按照化学成分分为元素半导体和化合物半导体，硅和锗是最常见的元素半导体材料，而硫化锌、砷化镓、氮化镓等为化合物半导体。

点沙成"芯"

现在的电子产品，如手机、电脑等，都是既轻巧，又功能强大，这主要是依赖其中的芯片，制造芯片的主要材料是硅，它来源广泛，自然界中的沙子和石块中都含有二氧化硅，通过特殊加工后，就能点沙成"芯"了。

导体与绝缘体

具有很好导电性能的材料就是导体，很多金属物质都是导体，如铜、铁、铝和银等。绝缘体正好相反，即丝毫不具备导电性能的物质，如陶瓷、橡胶等都属于绝缘体。

炒酸奶

炒酸奶是很流行的一个美食，即用一个能够制冷的铁板，把酸奶倒在上面，加入各种干果和水果，不停搅拌直至酸奶成片。这个制作炒酸奶的设备之所以能制冷，是因为它用了"半导体制冷片"，一种由半导体组成的冷却装置。

儿童科学历史百科全书

便携式收音机

半导体与晶体管、芯片等的发展密不可分，作为半导体晶体管的第一个应用便是日本索尼公司研发的便携式收音机，这个收音机比电子管收音机小很多，可以随身携带，因此，便携式收音机在我国也被叫作"半导体"。

硅谷

硅谷位于美国加利福尼亚州，是世界著名的高科技产业区，这里最早是研究和生产以硅为基础的半导体芯片的地方，遂得名"硅谷"。

LED

LED的全称为发光二极管，是一种由半导体材料制成的固态照明光源，它的特点是体积小、效率高、寿命长，目前除了应用于家庭中，还广泛用于景观灯、交通灯、汽车尾灯、大屏幕显示灯等。

录音机

简单地说，录音机就是把声音记录下来进行重放的机器，多配合磁带一起使用。世界上最早的录音设备应该是爱迪生发明的留声机，之后，各种磁带应运而生，直至今日，有了更先进的数码录音机或录音笔，体形较大的磁带录音机已走向被淘汰的边缘。

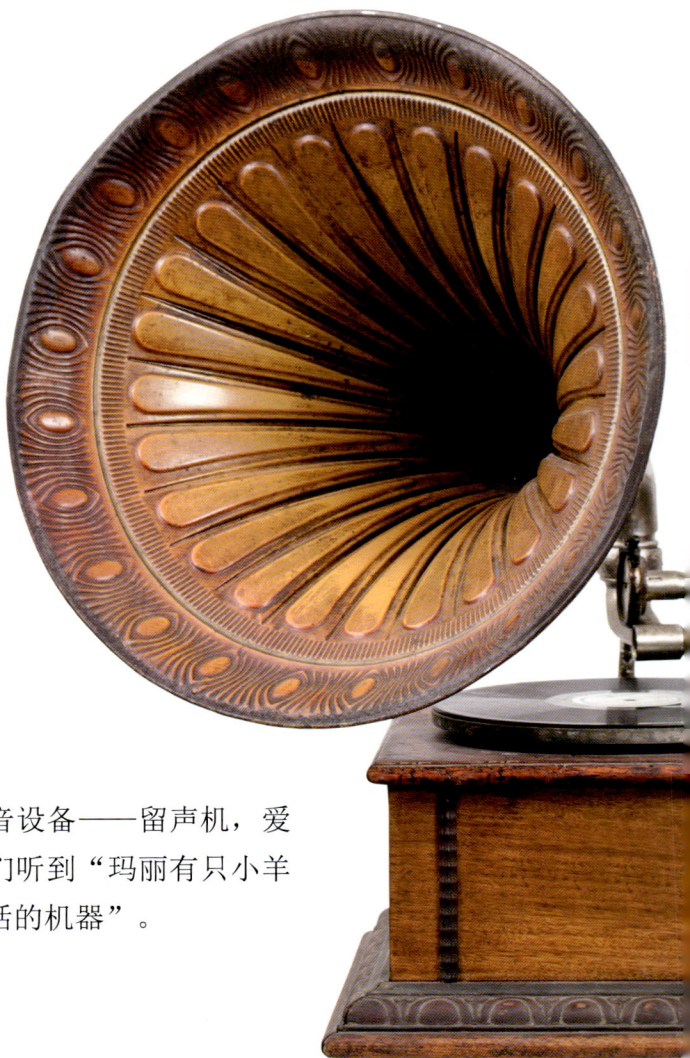

会说话的机器

1877年，美国发明家爱迪生研制了世界上最早的录音设备——留声机，爱迪生还用这台样机录制了《玛丽的山羊》这首歌，当人们听到"玛丽有只小羊羔，雪球儿似一身毛……"都惊奇地称留声机为"会说话的机器"。

第一台磁性录音机

在留声机问世21年后，即1898年，丹麦科学家保森瓦尔德莫·波尔森研制出了第一台磁性录音机，这台录音机把声音录在一根钢丝上，拥有了独立的录音载体，比留声机更受欢迎。

最早的磁带

1927年，一位德国工程师偶然间在一张纸上涂满胶水，粘上氧化铁粉末，发现它可以像钢丝一样记录声音，而且既便宜又好用，就这样磁带的原型产生了。

"盒式磁带之父"

1936年，荷兰机械工程师卢·奥滕斯发明了小巧的盒式磁带，他也因此被誉为"盒式磁带之父"，后来，他又参与了CD的发明。据相关统计，截至2020年，全球已售出1000亿盒磁带，以及超过2000亿张CD。

CD播放器

1982年，日本索尼公司研制出了世界上第一台CD播放器，它的出现，宣告激光唱片时代到来了。与磁带录音机相比，CD播放器更轻薄小巧，易于携带，而且音质更好。

希特勒的"分身术"

第二次世界大战期间，德国广播电台开始使用磁带录音机，将希特勒等重要将领的讲话进行录音，美国人听到后很困惑，搞不懂为何希特勒能同时出现在几个不同的地方，其实，希特勒的分身术是录音磁带帮的忙。

照相机

照相机是一种运用光学成像原理来记录影像的电子设备。目前，照相机主要分为数码相机、单反相机、无反相机、单电相机等，日常生活中最常用的是单反相机和无反相机（微单）。

摄影之父

法国发明家尼埃普斯利用阳光摄影法成功拍摄了世界上第一幅永久性照片，这幅拍摄于1826年的作品名为《窗外》，2007年曾在北京首都博物馆展出过。尼埃普斯因拍摄出人类第一张照片而被誉为"摄影之父"。

第一台相机

世界上第一台银版相机诞生于1839年，它是由法国人达盖尔研制成的银版照相机，从锡板到银版的最大改变是，曝光时间由原来的8小时直接缩短为20分钟，这在相机的发展史上是个巨大飞跃。

儿童科学历史百科全书

柯达公司

1878年，美国人乔治·伊士曼发明了一种涂有干明胶的胶片，与之前的湿胶片相比，不再限制曝光和冲洗的时间。1886年，伊士曼又研制出了卷式感光胶卷，紧接着，他研制的新式照相机诞生了，这部相机的名字为"柯达"，而乔治·伊士曼就是人们熟悉的柯达公司创始人。

第一台数码相机

1975年，世界上第一台数码相机诞生，这台重3.6千克，像素只有1万的大家伙是由一位名叫史蒂夫·萨森的柯达公司工程师制成的，他也因此被称为"数码相机之父"。

大师的灵感

《亚威农少女》是毕加索创作于1907年的一幅油画作品。大师的灵感源于从朋友那里得来的一台镜片裂开的箱式相机，这台镜头碎裂的破相机让毕加索联想到了画面的支离破碎和人物的扭曲。

最小的取景相机

世界上最小的取景相机形似一个立方体，边长只有25毫米，大小跟一枚硬币差不多。这台相机的发明人卢卡斯·兰德斯是一位摄影师，他仅用2周时间就完成了这部迷你相机的制作。

计算机

计算机也称电脑，它既具有超强的运算功能，又具有存储和记忆功能，是目前人们工作、生活中必不可缺的现代化工具。

计算机的发明者

1946年，约翰·冯·诺依曼发明了第一台并行计算机，实现了他的两个设想，即二进制与存储程序。他也由此被称为"计算机的发明者"。

硬件和软件

计算机的硬件是指它的组成结构，如键盘、鼠标、光驱、打印机、扫描仪等；软件是各种指令和程序，它们指示计算机来完成各种任务，如WPS、Word，以及各种制图软件、游戏软件等。

最古老的计算机

世界上最古老的计算机名为"安提基特拉机器"，它诞生于西元前150年到100年，主要是用来研究和占卜星相的。

第一台笔记本电脑

1982年，康柏推出了一款重约14千克的手提电脑，这台手提电脑被公认为世界上第一台笔记本电脑。但IBM公司认为，他们于1985年研制成功的膝上电脑才是笔记本电脑的鼻祖。

运算速度最快的计算机

全球运算速度最快的计算机是日本研制的"Fugaku"，截至2021年3月9日它是世界第一的超级计算机，运算速度峰值达每秒51.3亿亿次。我国的"神威·太湖之光"位居世界第四，运算峰值为每秒12.54亿亿次。

CPU

CPU也称中央处理器，是一个超级复杂的系统，被称为计算机的大脑，一台计算机性能如何最大限度上由CPU决定。

晶体管

　　晶体管是一种电子元件，是由电流驱动并用于控制电流流动的半导体器件，它从1947年面世至今，已成为人类发明的最具革命性的电子元件之一，为集成电路、计算机内存等的产生奠定了基础。

📡 最早

　　1947年12月23日，美国贝尔实验室的科学家威廉·肖克利、约翰·巴丁和沃特·布拉顿，经过多次试验后，成功地使第一个晶体管放大装置清晰地将声频信号放大了100倍，这意味着世界上最早的实用晶体管诞生了。

📡 贝尔实验室

　　美国贝尔实验室是全球最著名的实验室，自1925年成立以来，已获得两万五千多项专利，晶体管、太阳能电池、通信卫星、有声电影、立体声录音、激光器等都是由贝尔实验室研发成功的。

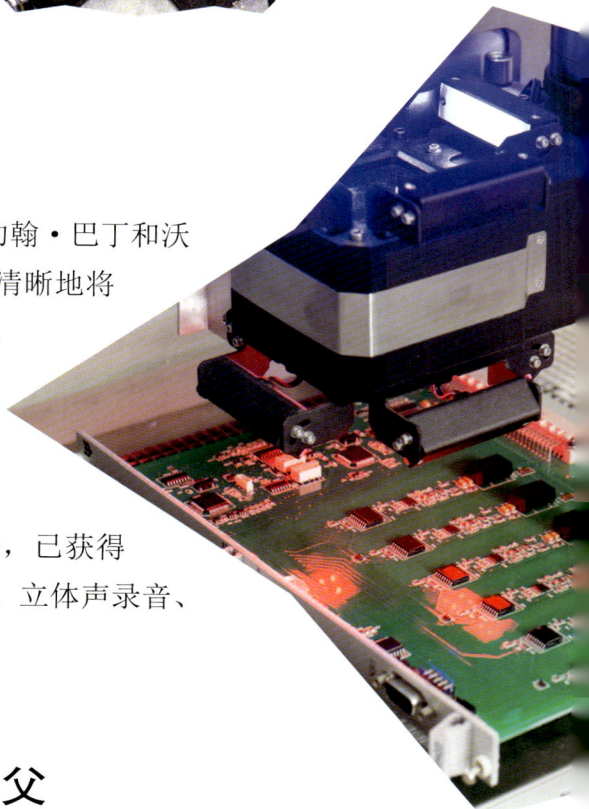

📡 晶体管之父

　　"晶体管之父"威廉·肖克利不仅成功研发了晶体管，而且创办了肖克利半导体实验室，这是硅谷最早的电子公司，因此也认为肖克利是"硅谷"的最早创造者。

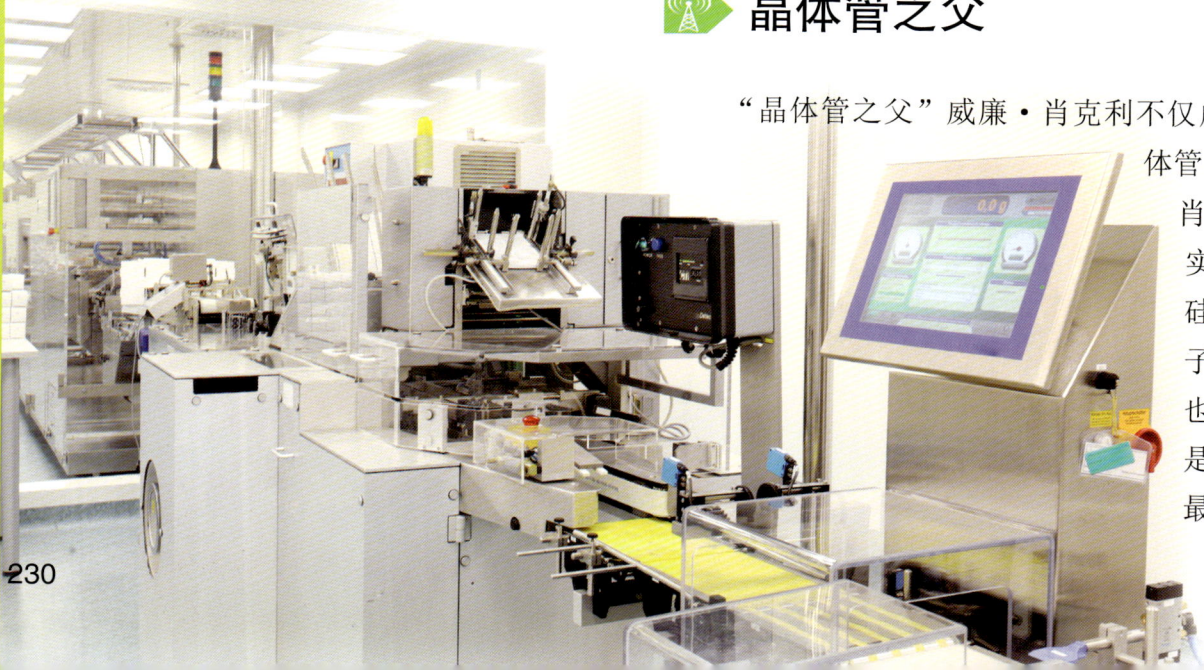

电子管

世界上第一只电子二极管是由英国物理学家弗莱明在1904年发明的。四十多年后，电子管的替代产品——晶体管诞生了，相比较电子管，晶体管的优越性更突出。

世界最小

世界最小晶体管的直径只有0.167纳米，比最小的电路小42倍，只有一个分子那么大，但目前尚未投入实际应用中。

从锗到硅

最初，晶体管的制作材料是锗，但这种金属元素在80℃左右时容易损坏，因此换成了硅，硅晶体的耐热性能要好很多，可以耐受180℃左右的高温。

芯 片

芯片也被称为微电路、集成电路，是半导体行业集成度最高的元器件，在手机、智能手表、电脑等电子设备中，芯片是最核心的零件，它与电子产品的关系就像发动机与汽车的关系一样。

最小芯片

目前，全球某些生产商已经掌握了7纳米芯片的制造技术，7纳米到底有多大呢？人体的一颗红细胞直径为8微米，即8000纳米，在一颗红细胞上，可以放1100多个7纳米的芯片。

"温和的巨人"

芯片的发明者是美国工程师杰克·基尔比，1958年，他与同事共同发明了芯片，除此之外，他的一生中还有60多项发明。基尔比致力于科研，比较沉默寡言，因此被人们称为"温和的巨人"。

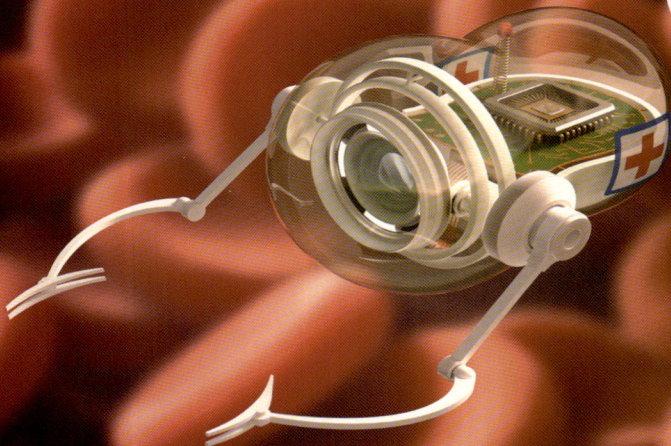

第一枚通用芯片

英特尔公司创立于1968年，是世界上最大的芯片制造商之一。公司成立后3年，即1971年，便推出了人类历史上第一枚通用芯片4004，从此全球进入电子"芯"时代。

儿童科学历史百科全书

摩尔定律

摩尔定律是由英特尔创始人之一的戈登·摩尔提出的，他预测芯片上的晶体管数量每18—24个月就会扩大一倍，这个定律持续了35年未曾改变过。

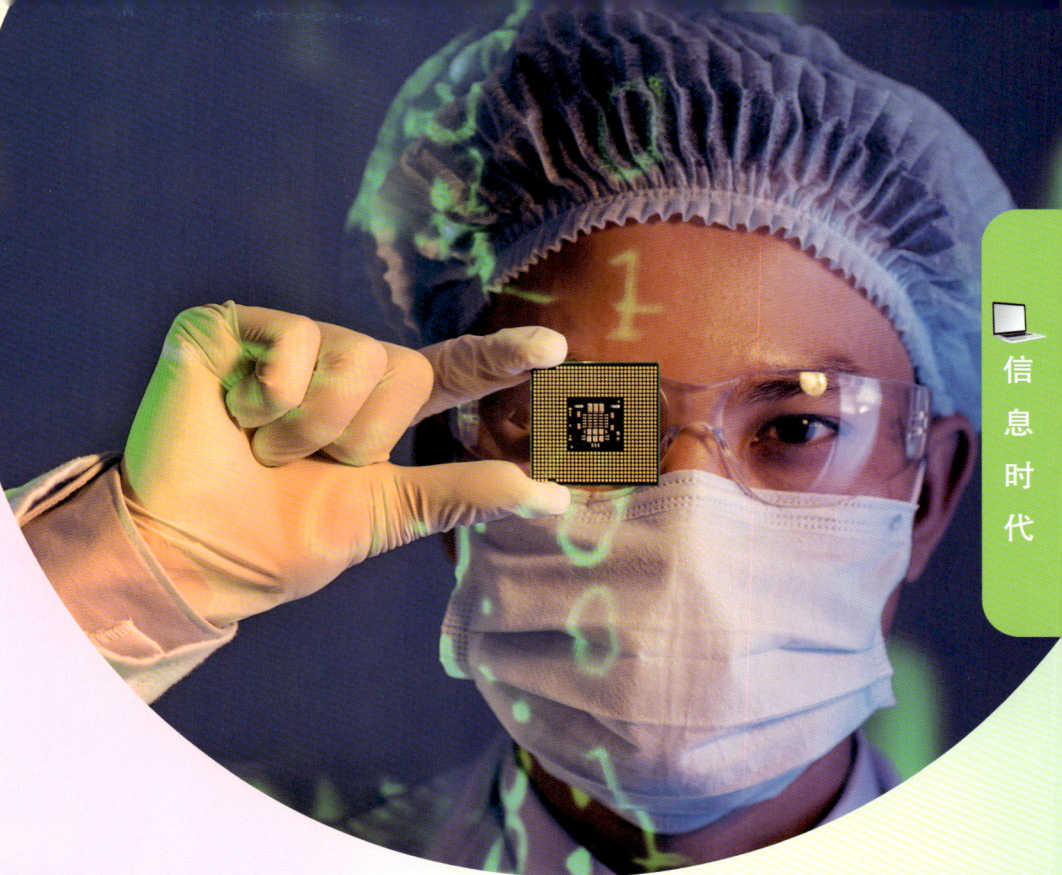

中国芯

由中国自主研发制造的芯片称为中国芯，中国芯分为多个系列，如星光系列、龙芯系列、威盛系列、神威系列等，其中星光系列中的"星光一号"是第一个打入国际市场的中国芯片。

牛粪芯片

印度PKA公司推出了一款"牛粪芯片"，此芯片长约12厘米，宽10厘米，完全由牛粪制成，PKA公司宣称，这种"牛粪芯片"能够抗病毒和隔离手机辐射。

互联网

互联网又称为因特网，是目前世界上最大的计算机互联网络，用户遍布全球，截至2019年2月，全球互联网用户已超过43.88亿，仅中国就有将近10亿网络用户。

阿帕网

20世纪70年代，互联网技术开始在美国发展。美国国防部高级研究计划局的科学家们开发了世界上第一个运营的交换网络，即阿帕网，它就是全球互联网的始祖。

第一个浏览器

1990年，全球第一个浏览器程序"WorldWideWeb"诞生，它是由英国科学家蒂姆·伯纳斯·李在NeXT机器上开发的，这个浏览器没有图像，也没有颜色。

互联网+

2012年，"互联网+"这个名词首次被提出。2015年，国家开始积极推进"互联网+"模式。所谓"互联网+"，就是让互联网与传统行业进行深度融合，创造新的发展生态。

乌镇

浙江乌镇是世界互联网大会的举办地，从2014年开始，由中国倡导发起的这场国际盛会便在乌镇举行，迄今已经举办了七届，乌镇早已成为互联网大会的代名词。

信息高速公路

信息高速公路是指信息如通行在高速公路上一样快速，这个概念是由美国科学家鲍勃·卡恩提出的，他也是TCP/IP协议合作发明者之一。如今已经八十多岁的卡恩，可以瞬间记住100多个单词，记忆力仍然超群。

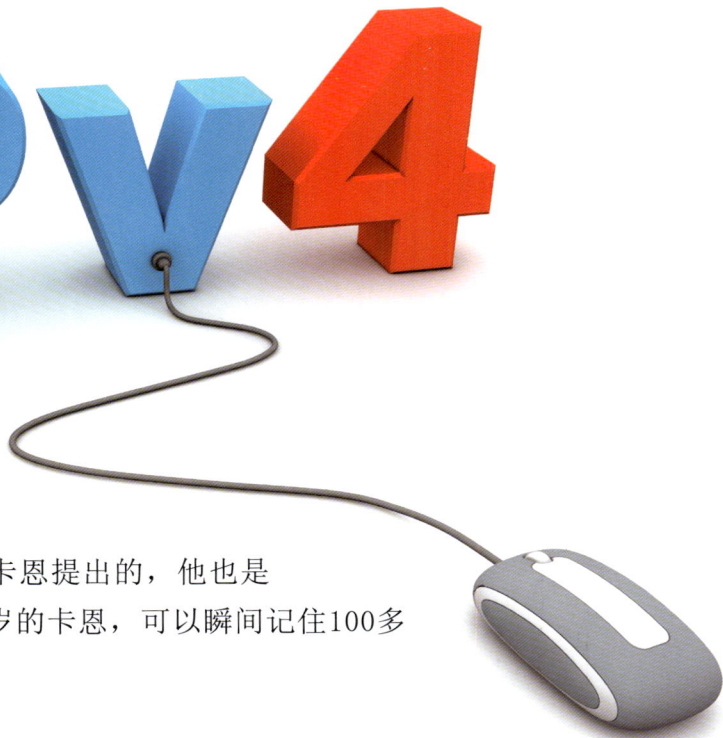

中国互联网之父

钱天白教授在1990年代表中国正式注册了顶级域名CN，还发出了中国第一封电子邮件，被誉为"中国互联网之父"。钱教授为中国互联网做出的贡献，就如同詹天佑为中国铁路做出的贡献。

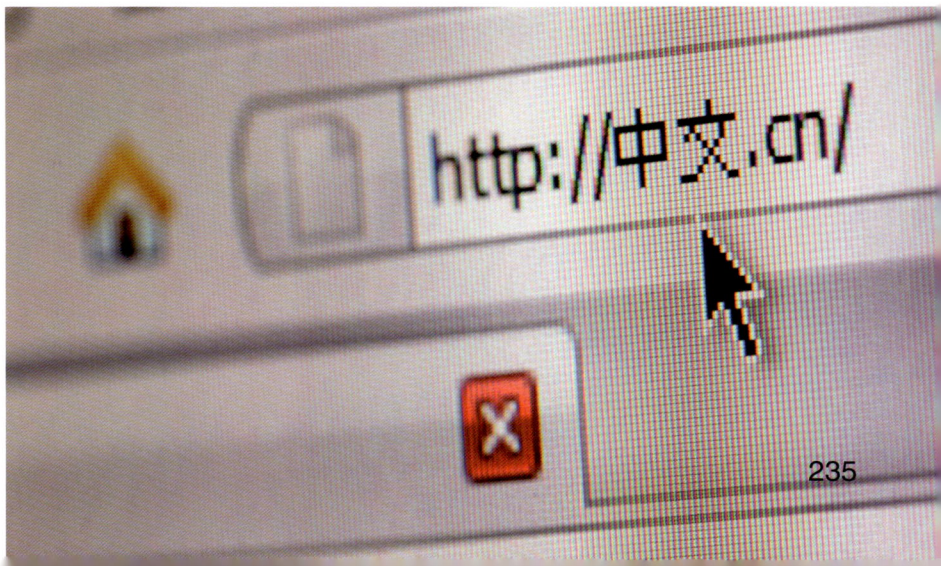

机器人

机器人是一种能够模仿人类活动的自动化机械。时至今日，机器人早已融入人们的生活中，如扫地机器人、削面机器人、手术机器人、航天机器人等，很多领域中都有机器人忙碌的身影，它们用实际行动给人类提供着帮助。

📡 第一个机器人

世界上第一个机器人诞生于1959年，它是由美国科学家英格伯格和德沃尔共同制造的，英格伯格负责设计机器人的手、脚和身体，德沃尔设计机器人的大脑、神经系统和肌肉系统。

📡 运动达人

阿特拉斯是世界上最敏捷的机器人，身高150厘米，体重75千克的它可以快速奔跑，还可以灵敏地做跳跃和后空翻等动作，简直是个运动达人。

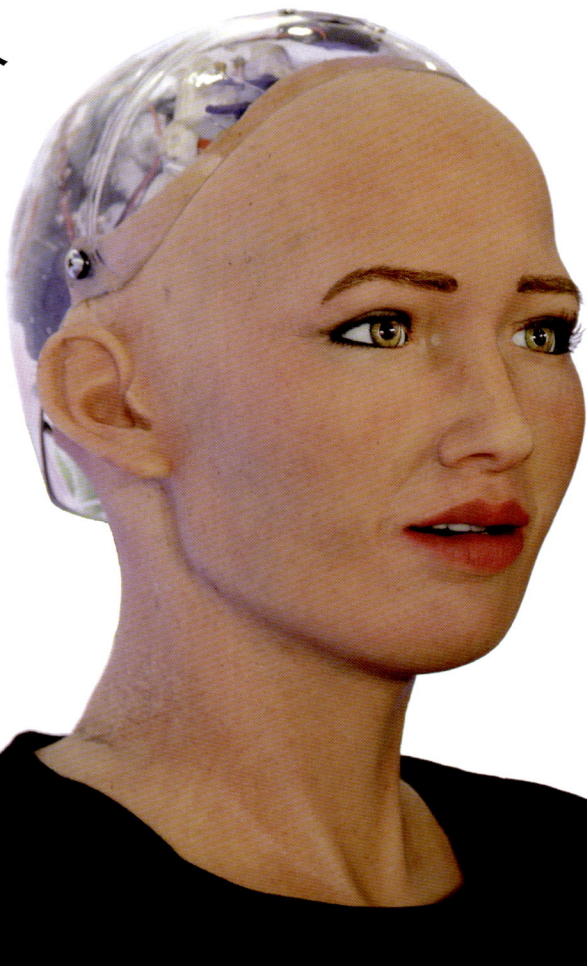

📡 索菲亚

索菲亚是以奥黛丽·赫本为原型设计的类人机器人，它的语音识别系统非常强大，是个特别会聊天的"美女"。此外，索菲亚还是世界上第一个获得国籍的机器人，它是正式的沙特公民。

儿童科学历史百科全书

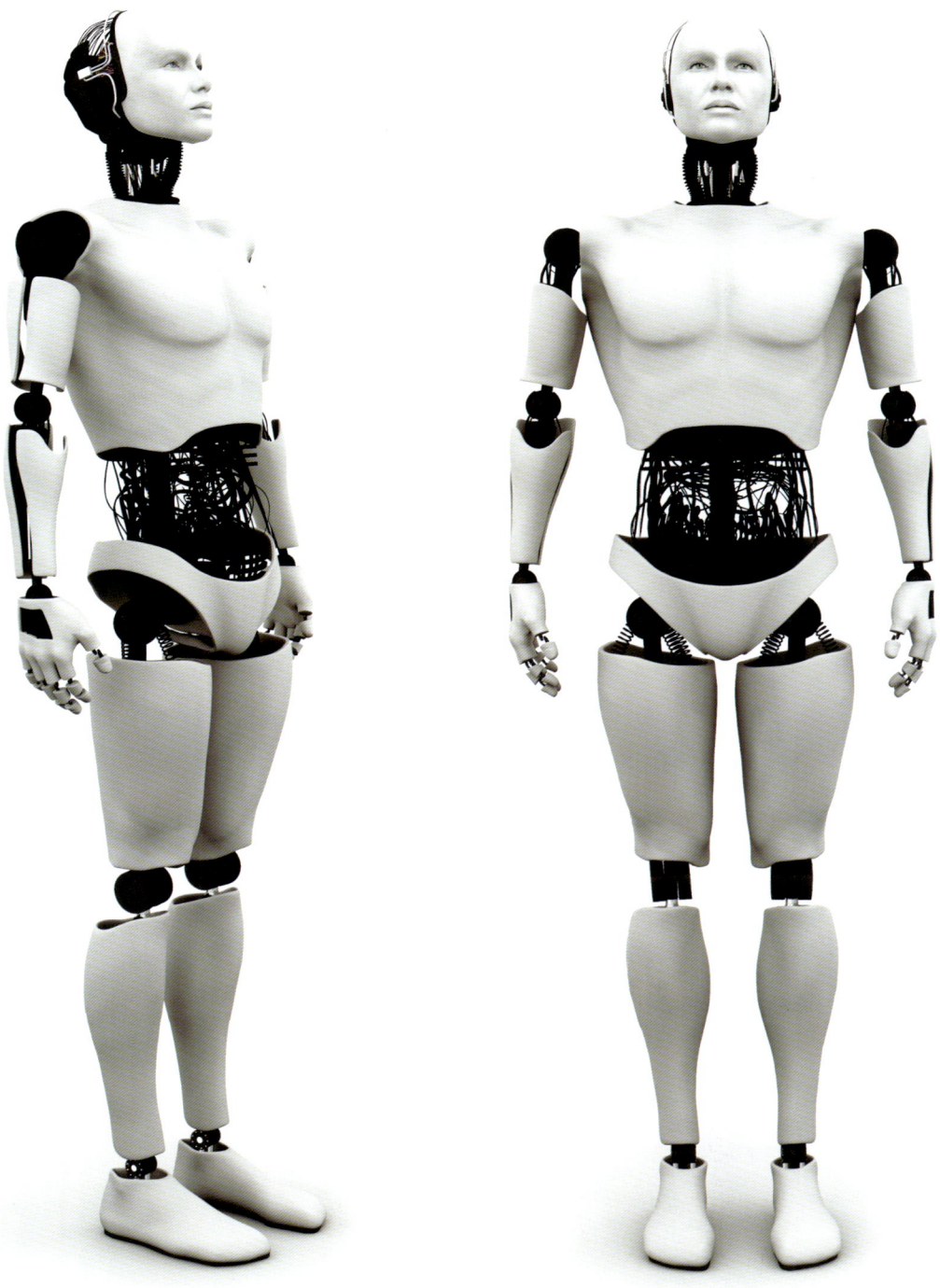

最小机器人

世界上最小的机器人只有2毫米大小，如小蚂蚁一般。由于太小，无法安装电池，所以它只能靠振动前进，它可以在一秒钟内移动相当于自身长度四倍的距离。

进入太空

2018年7月，欧洲航天局研发的名为CIMON的智能机器人抵达国际空间站，这个重约5千克，体型为球形的CIMON是全球第一个登上太空的机器人。

机器人三大定律

美国科幻小说家艾萨克·阿西莫夫曾在其出版的《我，机器人》这部小说中提出了机器人三大定律，第一定律，机器人不能伤害人类；第二定律，机器人必须服从人类的命令；第三定律，在遵从第一和第二定律的前提下，保护机器人的自身安全。

人造器官

　　人造器官是指用来代替某一器官功能的人工装置。人造心脏可以赐予病体第二次生命，人造耳蜗可以让患者重获听力，而义肢则可以让人再次站起来，人造器官正影响或改变着我们的生活。

最古老的人造器官

　　2000年，在埃及出土了一具3000年前的木乃伊，其脚上戴着一个木质的"脚趾饰品"，这就是世界上最古老的人造器官——格雷维尔大脚趾。

人工器官之父

　　荷兰生物学家约翰·科尔夫，从20世纪30年代开始，便致力于研究人工肾脏的制造，1943年，他制成了第一个人工肾脏，这是首次以机器代替人体的重要器官。之后，科尔夫又研制出了人工心脏，在人工器官研制领域成绩斐然，被誉为"人工器官之父"。

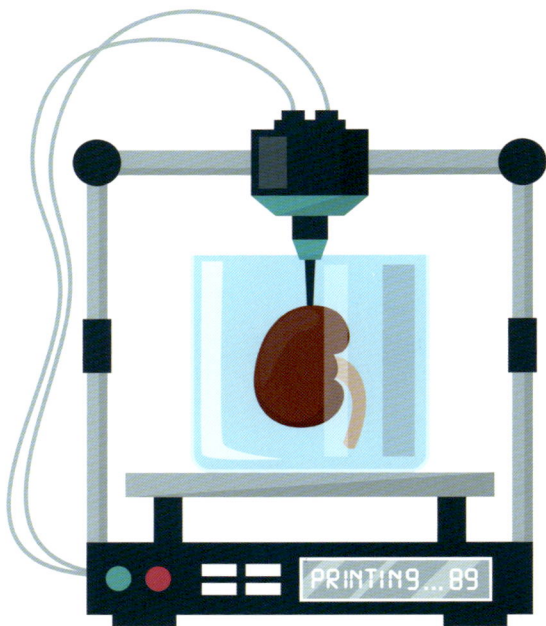

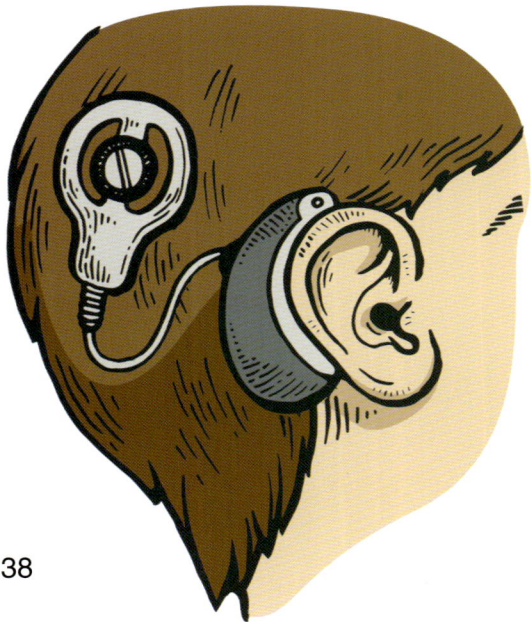

人工耳蜗

　　人工耳蜗是目前世界上具有真正意义的人造器官，也是运用最成功的人造器官。从1972年第一代商品化人工耳蜗诞生，直到2010年，全世界有十几万聋人通过人工耳蜗重获听力。

变废为宝

美国的《生物技术趋势》杂志表明，目前生物医学领域正在研究将菠菜、豆腐、鸡蛋壳等食物或废弃物引入人工器官的制作中来，既解决了部分科研难题，又给每年丢弃的数百万吨蛋壳垃圾找到了更好的用途。

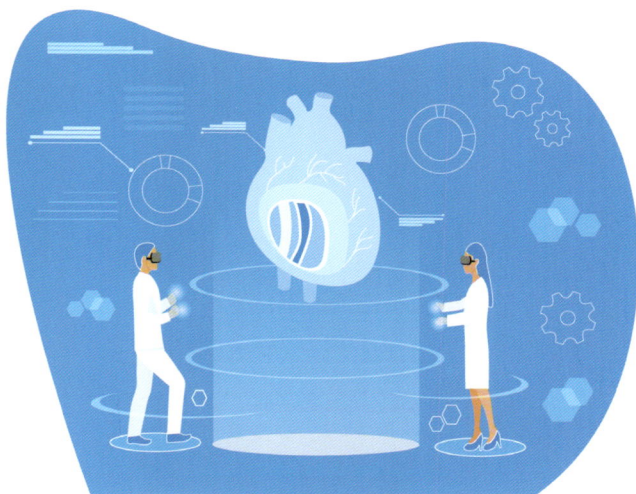

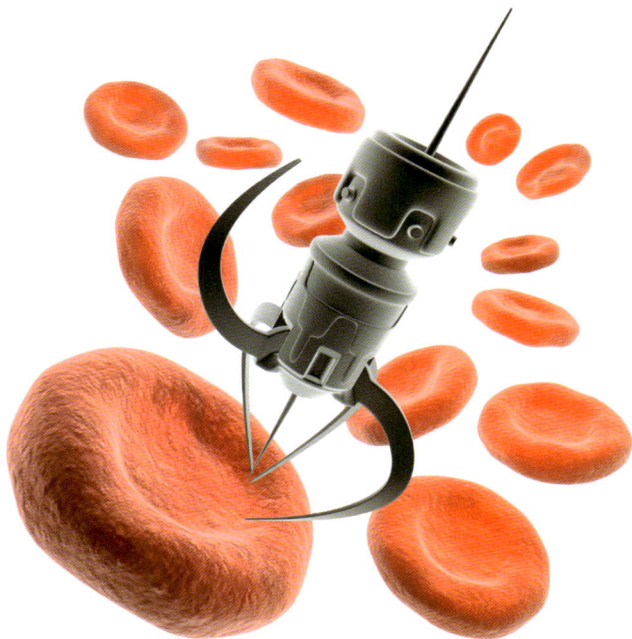

人造血液

2019年，日本某个科研团队宣布，他们成功研发出了人造血液，目前正在进行动物实验，给10只大出血的兔子输入了人造血液后，有6只获救。

第一颗人造心脏

1982年，一位名叫克拉克的患者被移植了一颗人工心脏，手术后，他又生存了112天，最后死于其他器官衰竭，当医生从他的尸体中取出人造心脏时，这颗心脏还在跳动着。

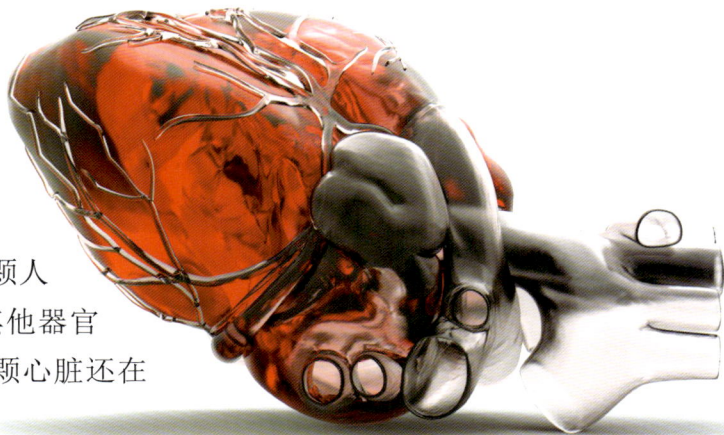

石墨烯

石墨烯是一种热点新型碳材料，是目前世界上最薄、最坚硬的纳米材料，具有超强的导电性和强韧度，被广泛应用于多个领域的制造行业。

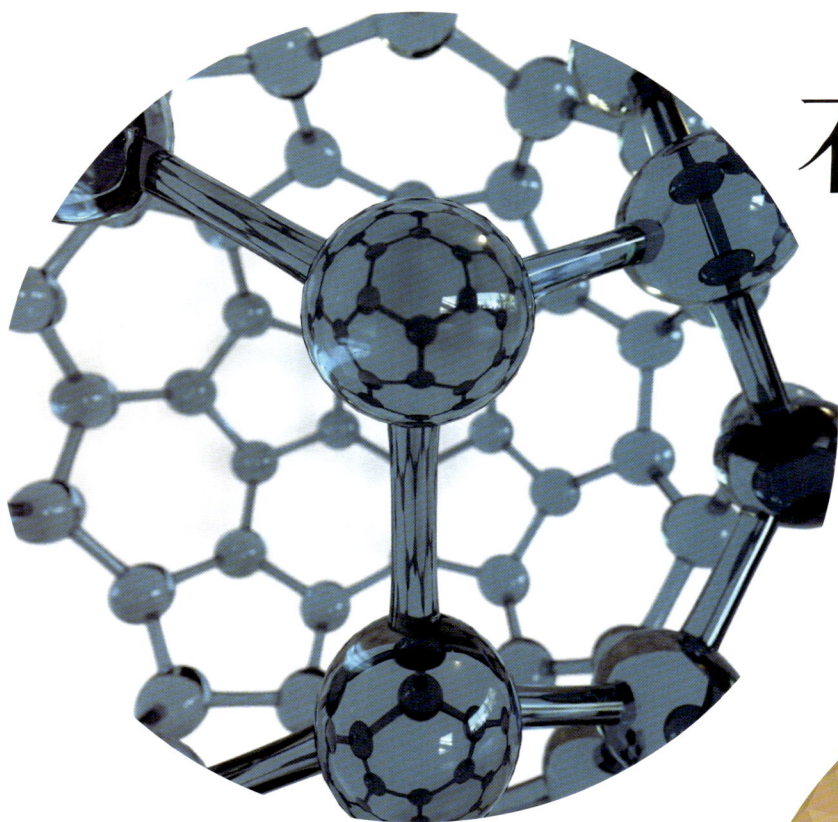

📡 2004年

2004年，石墨烯首次被用胶带从石墨上剥离下来。两位发现这种材料的英国物理学家安德烈·盖姆和康斯坦丁·诺沃肖洛夫也因此获得了2010年的诺贝尔物理学奖。

📡 黑色黄金

石墨烯的厚度只有头发丝的20万分之一，强度是钢铁的200倍，被誉为"新材料之王"的它价格比黄金还高，在2014年，购买一克石墨烯的价格高达500元人民币，堪称黑色黄金。

儿童科学历史百科全书

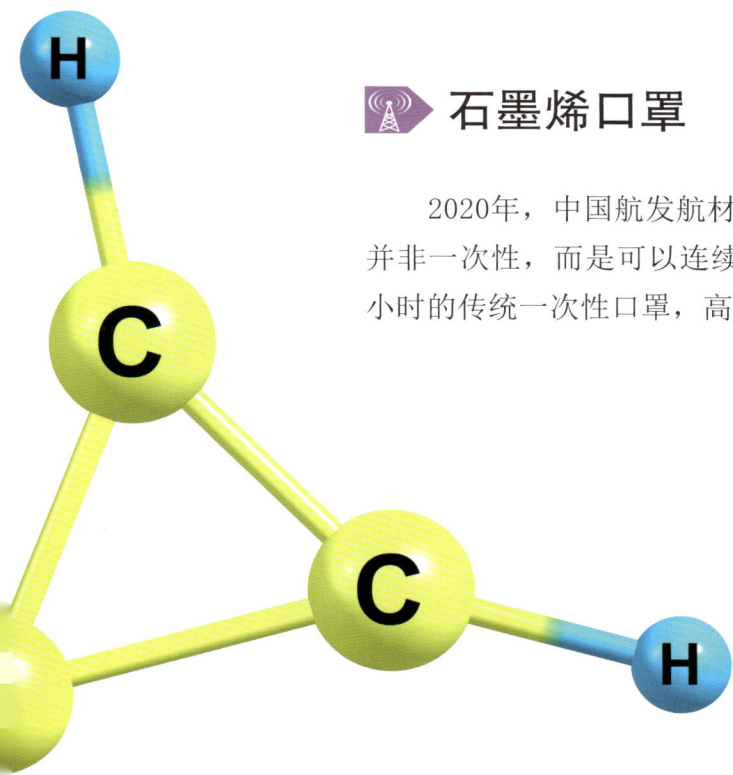

石墨烯口罩

2020年，中国航发航材院科研人员宣布新型石墨烯口罩研制成功，这种口罩并非一次性，而是可以连续使用的，至少可以使用48小时，比起使用时间只有4小时的传统一次性口罩，高出12倍左右。

碳单质

目前，自然界中已经发现的由碳单质构成的物质有三种，分别为钻石、石墨和卡宾碳，钻石是最昂贵的碳，卡宾碳是争议最多的碳，而石墨则是用途最广泛的碳。

石墨烯墙纸

新型石墨烯墙纸将传统取暖器融入5—6毫米厚的墙纸中，这种产品既节能又环保，可以使室内温度保持在20℃左右，而且还比空调节能1/3左右。

3D打印

3D打印是一种快速成型技术，多用来制造模型，在珠宝设计、制鞋、工业设计、建筑工程等领域有广泛应用。3D打印所用的原材料多为塑料或粉末状金属等具有很好黏合性的材料。

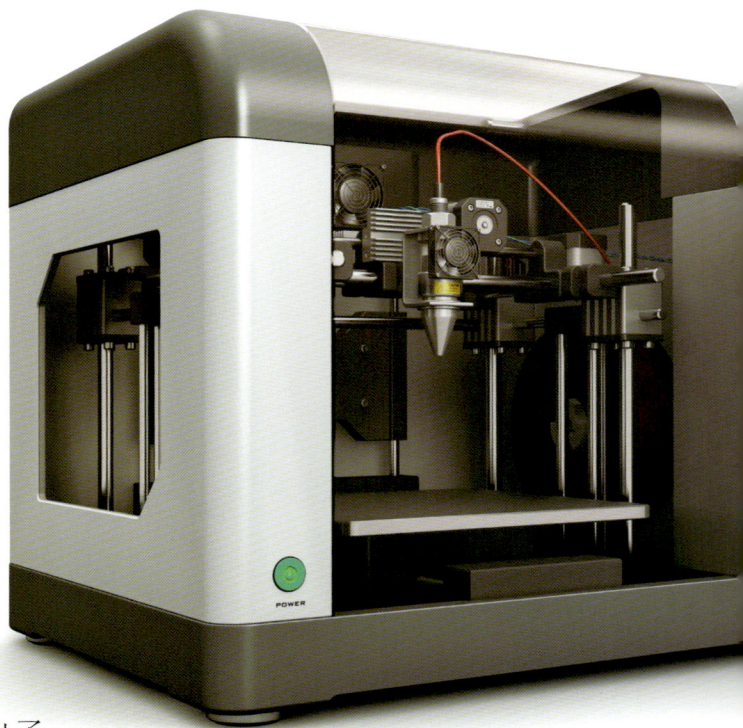

📡 第一台3D打印机

1986年，美国科学家查克·赫尔研制出了世界上第一台商业3D打印机，其实早在1983年，他就发明了3D打印技术。2014年5月，查克·赫尔因其发明而进入美国专利商标局的发明家名人堂，并被誉为"3D打印技术之父"。

📡 汽车Urbee

这辆被命名为"Urbee"的汽车具有橙红色的车身，三个轮子，双排座，它的外形小巧亮丽，是一辆极具未来感的汽车。令人不可思议的是，这辆汽车的所有外部组建都是由大型3D打印机完成的。

📡 进入太空

2020年，我国的长征五号B运载火箭搭载着一台3D打印机进入太空，这是人类首次在太空中进行3D打印的试验。

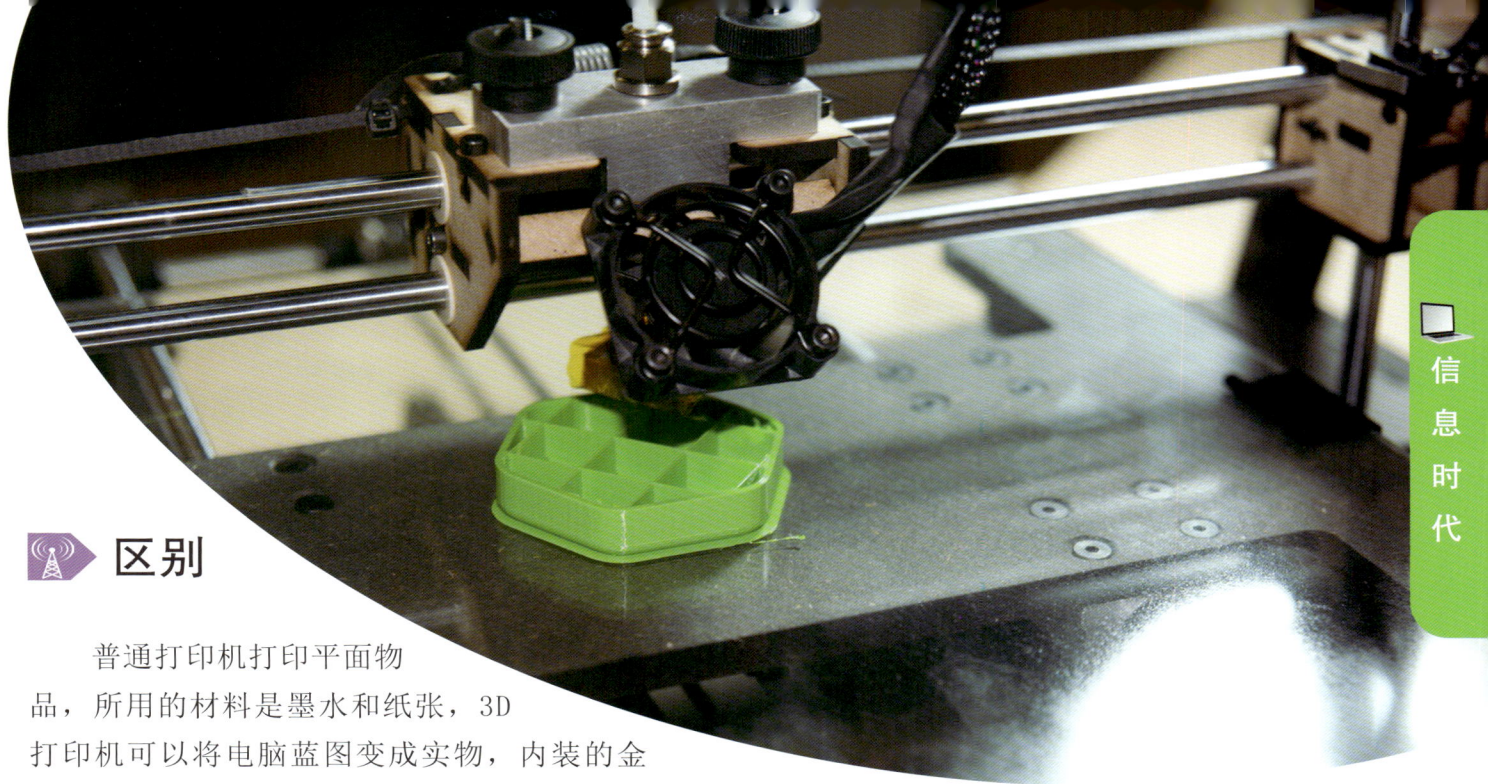

区别

普通打印机打印平面物品，所用的材料是墨水和纸张，3D打印机可以将电脑蓝图变成实物，内装的金属、陶瓷、塑料等是实实在在的原材料，可以直接制作模型。

世界最大

世界上最大的3D打印机高达12米，名为"big delta"，它是专门为进行大型物体的3D打印而建造的超大型3D打印机。

办公楼

在阿联酋的迪拜，全球首座由3D打印技术完成的建筑于2016年投入使用，这座办公楼建筑楼板面积约为250平方米，内部构造也是由3D打印完成的。

智能手机

  智能手机是像电脑一样，具有独立的操作系统和运行空间，可以由用户自行安装各类应用程序的手机。与传统手机不同，智能手机除了可以接打电话、收发短信，更像是一台微型电脑。

全球第一条短信

  世界上第一条短信诞生于1992年12月3日，英国工程师帕普沃斯利用电脑键盘向自己的朋友发出了人类历史上第一条短信，内容为"圣诞快乐"。

第一款游戏手机

  随时安装各种游戏，是智能手机的特色之一。但你知道人类第一款内置手机游戏是什么吗？1998年，诺基亚6110一经上市，就受到很多年轻人的欢迎，因为它内置了贪吃蛇、记忆力和逻辑猜图三款游戏，是第一款可以玩游戏的手机。

第一部智能手机

  1999年，摩托罗拉公司推出的A6188是人类第一部智能手机，因为它支持无线上网，通过手机就能浏览网络信息，受到高端商务人士的青睐，同时，这款手机也是全球第一部拥有触摸屏的手机。

📡 第一部苹果手机

2007年6月29日，第一代iPhone发售，这款手机将iPod、手机和一款能够接入互联网的应用结合在一起。

📡 第一款拍照手机

智能手机的发展可以用日新月异来形容，拥有更多功能成了手机设计者们的研发目标。2008年，三星公司首先制造出了可以拍照的手机，这部三星B600手机采用千万像素摄像头，拍出的相片一点不比相机差。

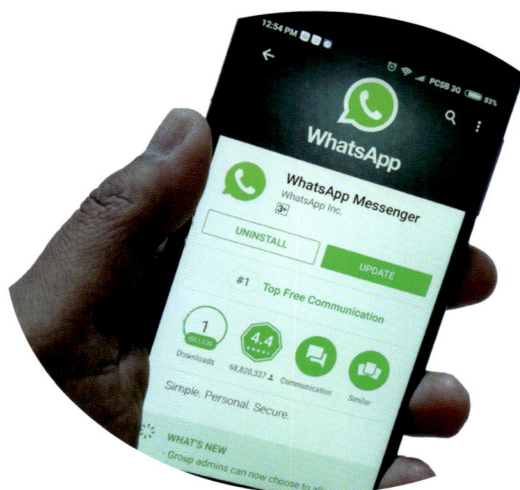

📡 用户最多的软件

截至2019年，全球手机应用程序中用户最多的是WhatsApp，这是一款通信应用程序，与微信类似，全球累计用户超过16亿。

人工智能

人工智能也称机器智能，英文缩写为AI。它是一门复杂的学科，简单地说，就是通过计算机程序来呈现人类智能的技术。

约翰·麦卡锡

1956年，美国科学家约翰·麦卡锡在达特茅斯会议上首次提出了"人工智能"这个概念，并将数学逻辑应用到了人工智能的早期形成中，麦卡锡因此被称为"人工智能之父"。

小爱同学

2017年7月26日，小米公司发布了首款人工智能音箱的唤醒词和人物形象，用户只需要对着音箱说"小爱同学"就能启动音箱程序。

围棋高手

由谷歌研发的AlphaGo是一款围棋人工智能程序，它凭借独特的神经计算系统，在2016年3月，与围棋九段选手李世石的比赛中，以4∶1的大比分击败人类，显示了人工智能的威力。

中国乌镇 围棋峰会
Future of Go Summit in Wuzhen

柯洁 KE JIE　03:00:00　ALPHAGO　02:59:21

中国围棋协会

"12345"市民热线

生活中各个领域都有人工智能的参与，包括"12345"市民热线。人工智能可以参与"12345"的人工派单、语音语义识别，甚至还能感知来电者的情绪，从而调整工作态度。

无人驾驶汽车

无人驾驶汽车是一种智能汽车，也被称为轮式移动机器人。1992年，国防科技大学成功研制出中国第一辆无人驾驶汽车。

世界人工智能大会

　　由中国多个部门联合主办的世界人工智能大会从2018年开始，每年7月都会在上海举办，迄今已经举办四届，已有包括荣获图灵奖、诺贝尔奖等的多位行业领军人物参加。

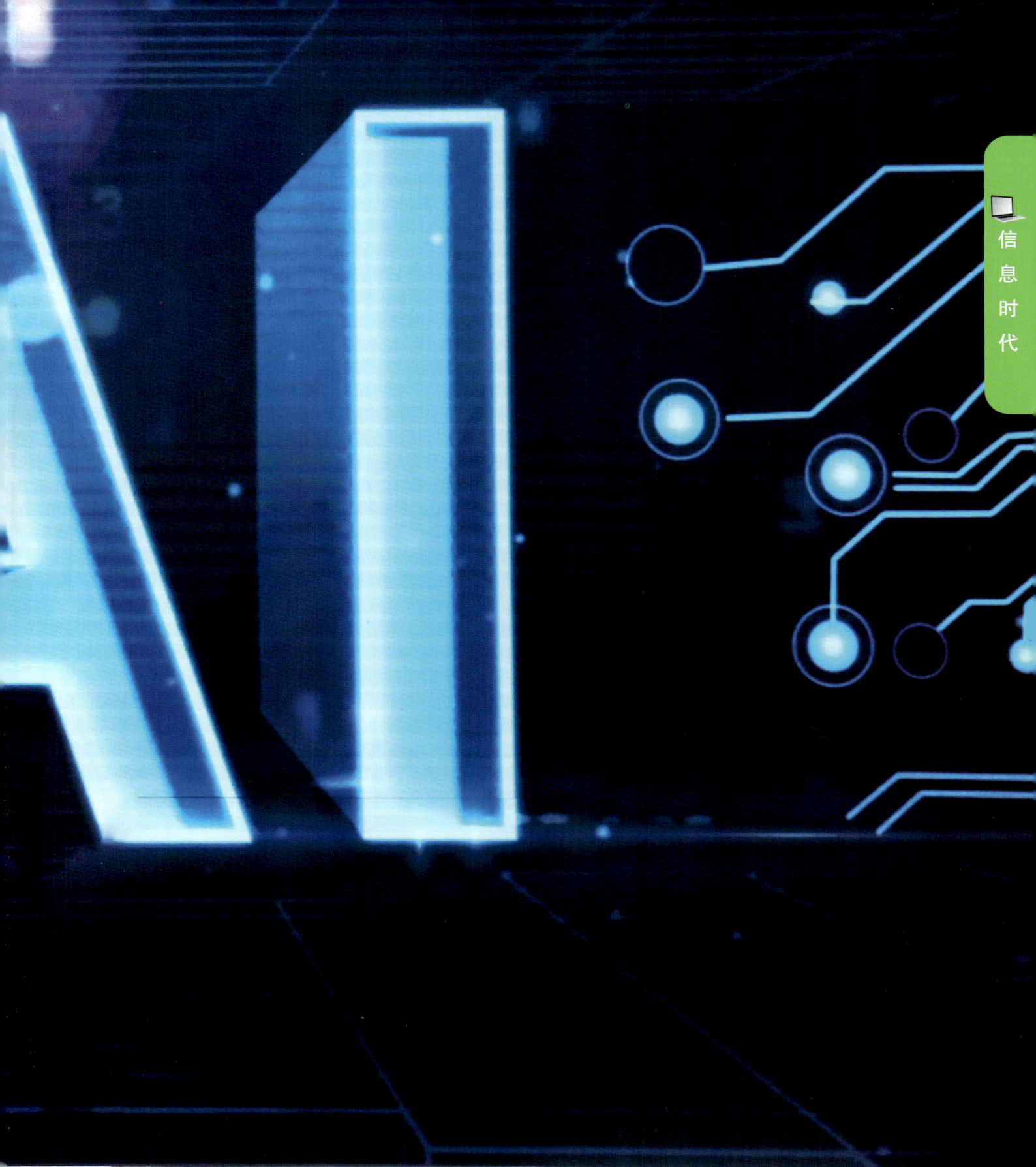

主要索引

儿童科学历史百科全书

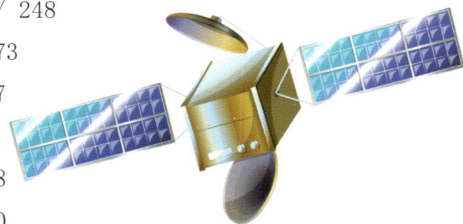